怎样的青春不迷茫

田先 著

廣東旅游出版社
GUANGDONG TRAVEL & TOURISM PRESS
悦读书·悦旅行·悦享人生
中国·广州

图书在版编目（CIP）数据

怎样的青春不迷茫 / 田先著．—广州：广东旅游出版社，2016.3
ISBN 978-7-5570-0312-8

Ⅰ．①怎…　Ⅱ．①田…　Ⅲ．①成功心理－通俗读物　Ⅳ．①B848.4-49
中国版本图书馆 CIP 数据核字（2015）第 30962 号

怎样的青春不迷茫
Zenyang De Qingchun Bumimang

广东旅游出版社出版发行
（广州市天河区五山路 483 号华南农业大学公共管理学院 14 号楼三楼　邮编：510642）
印刷：北京嘉业印刷厂
（地址：北京市大兴区黄村镇李村）
广东旅游出版社图书网
www.tourpress.cn
邮购地址：广州市天河区五山路 483 号华南农业大学（公共管理学院）14 号楼三楼
联系电话：020-87347994　　邮编：510642
787 毫米 ×1092 毫米　16 开　10.5 印张　103 千字
2016 年 3 月第 1 版第 1 次印刷
定价：32.00 元

目 录

contents

第三章　知道你为什么工作——品牌比薪水更重要

第四章　接受所选择的企业——终点比起点更重要

自序　幸福人生的相似路径

preface

亲爱的朋友：

如果你即将踏入职场，我特别想要提醒你，做好职场竞争的心理准备，这种竞争，也许比高考的竞争来得更激烈！

如果你已经拥有一份工作，我也特别想要提醒你，珍惜来之不易的工作机会！也许现在你还能回忆起来，自己曾经是如何在找工作的过程中步履蹒跚、争先恐后，或兴奋，或激动，或失落，或郁闷。

下面的四个问题，请你如实回答，然后对自己作一个评估：

第一，你是否曾经因为理想和现实之间巨大的落差而迷茫，嗟叹“理想很丰满，现实很骨感”？

第二，你是否曾经因为怀才不遇、没有机会而无奈、郁闷，甚至抱怨，嗟叹“千里马常有，而伯乐不常有”？

第三，你是否曾经因为长期的基层工作而感到乏味、枯燥、无聊，甚至痛苦，嗟叹“何时才有出头日”？

第四，你是否曾经因为有薪水高三五百元的新机会而纠结，问自己“到底要不要跳槽，为五斗米折腰是否值得”？

这四个问题，其实大多数已经或即将进入职场的年轻朋友都会遇到。有问题不可怕，可怕的是逃避问题或者找不到解决问题的方向与方法。

如果你正在为这些问题烦恼纠结，不要怕，本书将指引你找到最明确的解决方法！在这本书中，我把自己过去十多年的职场学习和实践经验做了一个系统梳理，希望跟大家一起分享，帮助更多年轻朋友在职场中更好地发展与成就自己。

很多年轻朋友经常问我，人生成功有没有捷径。我说捷径只有一条，那就是“少走弯路”！少走弯路，意味着你比别人有了更多的时间、更多的机会、更高的效率。这是我们人生加速度、超常规、突破性成长的唯一捷径。

作为职业人士的职场必修课，本书从四个最关键的角度展开，简洁生动地阐述了职业人士身处的四个不同的环境圈，以及如何与每一个圈子和谐共处，实现自身的职业成长与发展。

第一圈——社会圈。刚毕业的人就像一张白纸，在社会这个大熔炉中，该如何描绘出五彩斑斓的梦想？这需要适应从校园到社会大环境的转变，实现从校园人向社会人的转变。

第二圈——生活圈。毕业以后，开始真正独立经营自己的人生，需要好好规划自己的人生，思考为什么而活，如何活得精彩、活得快乐、活出价值。

第三圈——工作圈。工作不是生活的全部，但生活却一定离不开工作。所以在人生规划的基础上，需要好好规划职业生涯，思考如何通过职业生涯的成长实现人生目标。

第四圈——企业圈。任何职业生涯的成功，都离不开起点与平台，所以需要思考，如何找到今天的起点，如何更好地在现有的企业平台上不断吸收营养，从而实现自身价值的不断提升。

托尔斯泰先生曾经说过，幸福的家庭都是相似的，不幸的家庭各有各的不幸。我想说的是：失败的人生各有各的不幸，幸福的人生却一定有着相似的路径。11 年前，我和大家一样，草根出身，从零开始；11 年后，我用十年磨一剑的热忱，捧出这本书，期待以个人成长之经验与教训，总结出幸福人生“少走弯路、加速成长”的相似路径，与广大年轻朋友们共勉。

田先

1

第一章

清楚你在哪里——适应比改变更重要

进入职场以后，你就不再是一个学生，从校园到社会，环境变了，生存的规则也一定会随之改变。不懂得主动调整自己适应环境的人，终将付出惨痛的代价。

最好的改变，不是要求外界或别人改变，而是先改变自己，像海绵一样不断吸取环境中的营养和能量，建立自己的正向积极影响力，来潜移默化地影响外界、影响他人，最终达到改变他人、改变环境的目的。适应环境，就是改变环境的开始！

无法选择环境，但可以选择适应环境

有一个帖子曾经在网络上很流行，这个帖子把60后、70后、80后、90后四代人所处的社会大背景做了一个很有意思的概括，节选几段来跟大家分享一下：

60后的无奈

· 当我们出生的时候，赶上了三年自然灾害

· 当我们需要读书的时候，赶上了“文化大革命”

· 当我们需要就业的时候，赶上了裁员

· 当我们需要人照顾的时候，碰上了只会让人照顾的90后

70后的无奈

· 当我们出生的时候，奶粉买不到

· 当我们长身体的时候，吃肉要靠票

· 当我们要买房子的时候，福利房没有了

· 当我们要上大学的时候，大学生贬值了

· 当我们要谈恋爱的时候，爱情也变成“钱情”了

80后的无奈

· 当我们读小学的时候，读大学不要钱

· 当我们读大学的时候，读小学不要钱

· 当我们不工作的时候，工作是分配的

· 当我们工作的时候，撞得头破血流才勉强找份饿不死人的工作

· 当我们不能挣钱的时候，房子是分配的

· 当我们能挣钱的时候，房子已经买不起了

90后的无奈

· 当我们出生的时候，奶粉里有毒了

· 当我们长身体的时候，只能吃垃圾食品了

· 当我们要上幼儿园的时候，开始乱收费了

· 当我们大学毕业的时候，毕业就是失业了

帖子写得还算客观，看完后我们就会发现，原来很多人以为80后、90后很幸福，从小有父母捧着爱着，没有压力，没吃过苦，但现在看来，谁比谁更幸福，这个问题似乎很难下结论了。只能说，每代人有每代人的成长环境，家家有本难念的经，谁也不一定比谁更幸福。每个特定的时代，都会给人们带来特定的挑战与压力，当然也有特定的机遇与空间。再过几年，00后也要进入职场了，他们面对的情况也还是一样——挑战与机遇并存。

骆驼为了适应沙漠，长出了驼峰；斑马为了适应草原，长出了条纹；长颈鹿为了吃到树叶，变成了长脖子。从古到今，已经有无数事实在不断证实一个真理——适者生存。我们无法选择自己出生的年代和环境，唯一可以选择的是如何去适应环境！

赢了舆论，输了工作——“最牛女秘书”的反思

2006 年 4 月 7 日晚，EMC 大中华区总裁陆纯初要回办公室取东西，走到门口才发现自己没带钥匙。此时他的私人秘书瑞贝卡已经下班，他试图联系未果。陆纯初非常生气，数小时后，还是难抑怒火，于是他通过内部电子邮件系统给瑞贝卡发了一封措辞严厉且语气生硬的“谴责信”。

陆纯初在邮件中说，“我曾告诉过你，想东西、做事情不要想当然！结果今天晚上你就把我锁在门外，我要取的东西还在办公室里。你自以为是地认为我随身带了钥匙。从现在起，无论是午餐时段还是晚上下班后，你要跟你服务的每一名经理都确认无事后才能离开办公室，明白了吗?”（事实上，原信的口气比上述译文要激烈得多）。陆纯初在发送这封邮件的时候，将邮件同时抄送给了公司的其他几位高管。

瑞贝卡两天后在邮件中用中文回复说："第一，这件事我并没有做错，我锁门是从安全角度考虑的，如果一旦丢了东西，我无法承担这个责任。第二，你有钥匙，你自己忘了带，还要说别人不对。这件事的主要责任人是你自己，不要把自己的错误转移到别人的身上。第三，你无权干涉和控制我的私人时间，我一天只有八小时工作时间，请你记住，午餐时段和晚上下班以后的时间都是我的私人时间。第四，从到 EMC 的第一天直至现在为止，我工作尽职尽责，也加过很多次班，我从没有任何怨言，但是如果你要求我加班是为了工作以外的事情，我无法做到。第五，虽然咱们是上下级关系，也请你注意一下说话的语气，这是做人最基本的礼貌问题。第六，我要在这强调一下，我并没有猜想或者假定什么，因为我没有这个时间，也没有这个必要。"

本来，这封咄咄逼人的回信已经够令人吃惊了，没想到瑞贝卡选择了更加过火的做法。她回信的对象选择了"EMC（北京）、EMC（成都）、EMC（广州）、EMC（上海）"。这样一来，EMC 中国公司的所有人都收到了这封邮件。

不到一周的时间里，该邮件被数千外企白领接收和转发，甚至每个人不止一次收到过该邮件，很多人还在邮件上留下诸如"真牛""解气""骂得好"之类的点评。其中流传最广的版本点评居然达到一千多条。

尽管无论是邮件附加的个人点评，还是 BBS 上的讨论，力挺瑞贝卡的声音都超过了八成，但外企人力资源部的管理层却并不买账。最后，瑞贝卡被迫离职，她说："这事儿闹得太厉害，我已经找不到工作了。"她也没有料到邮件会被转发出去，更没有料到后来的局面。

看起来女秘书的邮件似乎说得很有道理，所以她在网上被称为"史上最牛女秘书"，但就是这样一个很"牛"的女秘书，为什么在职场中很难真正"牛"起来呢？这其中有三个问题值得我们好好梳理和总结。

第一，如何看待女秘书的结局。其实，这是典型的"赢了舆论、丢了工作"，解了一时之气，误了长久发展。想必这位女秘书事后也会后悔，冲动是魔鬼，因为一时冲动而丢了工作，因小失大，实在是非常之不值。

第二，为什么女秘书后来在外企圈子里很难继续生存？答案很简单，她将私人问题公开化，这违反的不是"潜规则"而是"明规则"。作为企业的一员，她不但不维护企业的形象，反而公开扩大化地影响企业形象，这是典型的违反"明规则"。别说是外企，换了任何一家企业，估计都很难接受这样的行为。

第三，如何妥善处理类似问题才能在化解矛盾的同时提升自己的职业形象？我的建议是：与企业为善，与领导为善，包容、沟通、担当、调整。懂得换位思考，领导不是完人，学会包容领导冲动下的情绪。私下坦诚地与领导当面沟通，而不是公开传播将小事闹大。积极认错，永远记住，认错不一定就代表你"有错”或者“很错”，认错更多的是一种态度的体现，代表你尊重对方、愿意理解对方，从而第一时间将事件降温，避免冲突激化。两个刺猬靠得太近一定会两败俱伤，所以当别人是刺猬的时候，你只要做海绵就好，学会以柔克刚。担当自己可以担当的责任，对于领导的批评，有则改之，无则加勉。毕竟没有及时接听领导电话，秘书也是有一定过失的。承诺并积极调整自己的行为，下次再碰到类似的情况才可以让领导放心。

进入职场以后，你就不再是一个学生，从校园到社会，环境变了，生存的规则也一定会随之改变。不懂得主动调整自己适应环境的人，终将付出惨痛的代价，这就是“最牛”女秘书带给我们的反思。

适应环境是改变环境的开始

有位五十多岁的男士，他的人生经历了三个明显的阶段。第一阶段是十多岁，那时他的梦想很远大，他想要改变世界；第二阶段是二十多岁，因为他发现改变世界的梦想已经无法实现了，所以他把梦想调整为改变自己的国家；第三阶段是三十多岁，他发现改变国家的梦想仍然无法实现，所以他把梦想调整为改变自己的家人，培养出最贤惠的太太、最听话的小孩。后来他结婚、当爸爸，时间又过去了二十多年，忽然有一天，五十多岁的他发现自己第三个阶段的人生梦想依然没有实现，太太还是火暴脾气，儿子还是叛逆捣蛋。细想起来，他感觉自己曾经为梦想付出了很多，但却收效甚微。

其实，要想让太太变温柔的方法很简单，就是你先加倍对她温柔，慢慢地她就不好意思对你凶了；要想让孩子变听话，方法也很简单，就是你自己要言传身教，孝敬老人、尊重太太，孩子自然耳濡目染。

为什么这位男士的三个梦想都没有实现？其实是他一心只想着自己的梦想，却忽略了梦想应该从哪里开始，所以一直找不到正确的方向。后方不稳，何以上前线！所以，不是他的目标定得不好，而是他把实现目标的顺序弄反了！

古人说“修身齐家治国平天下”，天大的梦想，都应该从修身，也就是自我修炼和改变开始；反过来，当你持续修炼自我时，也就具有了潜移默化的影响力，而这种影响力，就能帮你实现齐家的梦想。有了稳定的后方，才能一步步实现更大的事业梦想。换个角度，如果每个家庭都能和睦共处，国家自然就和谐了，国也就不用治了，如果每个国家都能够做到这样，天下就太平了。从这个意义上说，每个人的自我修炼，其实都是在为治国和平天下作贡献。

最好的改变，不是要求外界或别人改变，而是先改变自己，像海绵一样不断吸取环境中的营养和能量，建立自己的正向积极影响力，来潜移默化地影响外界、影响他人，最终达到改变他人、改变环境的目的。适应环境，就是改变环境的开始！

职场新人适应环境三部曲

究竟如何更好地适应社会这个大环境，我的建议是，要想做职场赢家，必须练就“适应环境三部曲”。

第一部曲：由“外方内方”到“外圆内方”

我国古代的铜钱为什么要做成外圆内方的？因为古人有一个非常朴素的观点，一个人只有学会外圆内方，才能有好人缘，有了好人缘才有人愿意帮你，有了好人缘才能有好财运，才能赚到钱。所以要想有好人缘，首先就一定要由“外方内方”到“外圆内方”，修炼自己的个性，学会自我管理和控制。

回想一下，在过去的经验中，你有多少次因为无心之失伤到了别人，影响了人际关系？无论是对你的领导、同事还是客户，讲话的时候要先想一想，这样讲合不合适，会不会伤到人，会不会影响到别人的感受，学会讲话委婉一些，不要像刺猬一样动不动就去扎人，既伤人又伤己。

“外圆内方”并不是圆滑，因为职场中那些只想着占别人便宜来成就自己的圆滑之人最后都会走进死胡同。“外圆内方”其实是一种灵活变通的技巧，也是一种在竞争日趋激烈的环境中生存的智慧。老板都希望自己的员工能够把事情做得圆满，因此，掌握一些做人做事的“圆通术”是很有必要的。

C君是一家成立十年的民营企业的普通员工，近期他接到了一个任务，要带领本部门的五个人在两周内制作一份投标书。这事以前是他的领导来负责的，但最近领导由于身体不佳住院了。这个标书要的时间虽然很紧，但按以往的速度也是可以完成的。可是C君仍然深感忧虑，他觉得，一方面这是领导在考验自己，再过一年他就将面临一次大的职位调动，这个任务的完成情况对其将有直接的影响；另一方面是那五个人中有两个比自己辈分高，贸然安排他们做事，很有可能会碰壁，他们可能会故意为难自己。

C君先确定了这项工作自己不能过分着急，好像表现得要争功似的。他先和三位年轻的同事沟通好工作内容，和他们一起承担比较难的工作内容。之后他将工作任务按照难易程度作了划分，假意把比较难做的工作交给两位辈分高的员工。这两位员工觉得C君是把累活都交给了自己，于是推脱说自己手头的事情还没忙完，就算先放下手里的活做这个项目也做不完。C君便把早已准备好的较轻松的任务交给了他们，并且很诚恳地请他们为部门利益着想，让在医院养病的领导放心。他们一看现在的任务比原来的工作轻松不少，就答应了下来。C君两周后顺利交上了标书，而且这次竞标的成功为公司带来了几千万元的营业额，这使得C君一年后毫无争议地做了部门经理。

试想，如果C君一开始就表现得急功近利，认为领导将这事交给自己是对自己的器重，将工作不分轻重胡乱分配，最后肯定是两位老同事不合作，三位年轻的同事或许也会有意见，很可能会导致工作不能及时完成或者请领导出面协调的后果。C君通过“欲轻先重，退而求其次”的变通方式顺利将工作分配下去并协作完成了，这是一种很圆通的处理方式。

做工作难，把工作做好更难。只有懂得“外圆内方”，在“方”的有序下坚守本分，在“圆”的无序中左右逢源，才能在职场中得心应手。

第二部曲：由“率性而为”到“谋定后动”

不难想象，前文案例中的女秘书在写邮件的时候一定非常冲动、气愤，觉得自己的尊严受到了侮辱。她根本来不及深思熟虑，没有想过后果，否则她就不会那样做了。

玲玲是北京一家大型计算机公司的程序员，由于是技术岗位，月薪也能达到8000元，日子过得有滋有味，工作之余也能品茶、美容，算得上小资生活。然而，舒服了两年之后，她发现自己的薪水还是8000元，并且看现在的情况，行业不太景气，公司业绩也不太好，薪水在今后将很难再涨，再看职位，公司里人才济济，升职机会也很难轮到自己。再想想以后还要买车买房，这点工资和这样的职位恐怕是难以实现了。于是，她琢磨着要不要跳槽。

恰在此时，有猎头公司找上门，请她到一家小公司做副总经理，薪水比现在的多一倍。于是，在高薪的诱惑下，她没来得及细想，就将一纸辞呈递交给公司领导，然后草草收拾一下行李，兴冲冲地投奔到新公司。

让玲玲始料不及的是，这家新公司开发的产品知名度低，市场销售前景一片黯淡。她上岗之后，不但需要做技术方面的工作，还需要负责相关产品的销售工作。但由于她并不适合销售工作，结果销售没有做好，开发出来的东西很难卖出去，公司的运营越来越差。在此情况下，公司预先承诺给她的薪水也大打折扣。不仅如此，公司领导还每天要求她拼命加班，又不付任何加班费用。

玲玲本想着跳槽后前途将会一片光明，哪知现在生存都快要成问题了。对此，她感到异常焦虑和迷茫。因为她不知道接下来的路该怎么走，是继续留在现在的公司做下去等待转机，还是再找机会回到以前的公司。不过到那时，以前的公司还会不会要她呢？

冲动是魔鬼，人在冲动时做出的行为往往是不理智的，是没有考虑过后果的。所以，学会由“率性而为”到“谋定后动”，是职场赢家必须练就的第二关。

当你想要行动的时候，先冷静想一想，做这件事情能够带来什么好处，与此同时，它有没有可能带来负面的风险或者影响？除了对自己的影响，会不会对身边的人和事带来影响，比如同事、领导、部门、企业，是否会受到影响？需要哪些人、事、物的资源，该如何得到这些资源？有了资源后该如何更高效地达成目标，该用怎样的方法和技巧去操作？古语说，“凡事预则立，不预则废”，做事之前先做个统筹计划，不要想到哪里做哪里，因为一时冲动而乱了阵脚。

第三部曲：由“豪情万丈”到“立足现实”

小雅去年大学毕业，带着对美好未来的憧憬和希望，她选择留在就读大学的城市，开始踏入职场。但由于专业和学校并没有太大的竞争力，她并没有进入大公司。上学期间，小雅就一直很努力，曾做过营业员、卖场促销员，也在酒店当过服务员。当然，这些工作并不是她理想的职业。毕业后，她进入了一家物流公司。

这家公司的待遇不是很高，试用期工资2000元，转正后是2500元，按绩效有奖金。小雅本打算在这里好好干，为自己的将来打拼一番。可实际一工作才发现，现实的工作和想象中的差别很大。几天前，她所在的地区发货弄丢了一件衣服。老板说要她们来赔，那件衣服将近500元，小雅负责赔一半就是250元。其实，这种丢东西的情况每个月都有。小雅不愿意为别人买单，她每次领了工资，交完房租、电话费、水电费等费用，就只有不到800元的生活费了，如果每个月再扣点工资，就只能节衣缩食了。所以，过了一个月，小雅辞职了。

之后，小雅又换了一家建筑软件公司做销售工作，但干了一个月后，主管认为她欠缺沟通能力，不适合做销售，于是她被辞退了；一个月后小雅进入一家房地产中介公司，但当时公司什么资源都没有，工作干起来也没有头绪，部门带头的领导倒是经验丰富，可没等小雅学到什么，他就跳槽了，新换的领导从来没有带过团队，然后陆陆续续有人辞职，部门人数由最初的20人到最后的5人。在这样的氛围下，小雅没有什么工作状态，也无奈地辞职了，又加入到投递简历找工作的队伍中去了。

想想当初毕业时的美好梦想，再看看现在的处境，小雅总是很后悔没有将这两年利用好，对未来也开始变得不再有所期待。

对于即将或刚进入职场的年轻人而言，理想跟现实永远是有

差距的，即便你有再大的梦想，都要清楚梦想的起点在哪里：梦想的起点就在你的脚下，就在今天的现实中。

所以，要更好地立足于现实，用明天的目标来指导今天的行动，全力以赴地活在当下，把握今天，做好今天你能做、该做的事情。一个连今天都把握不好的人，是没有资格和资本谈明天的，因为他的明天永远只能是一个空中楼阁。

修炼好这三部曲，就能在职场中如鱼得水。有点阳光就灿烂，有点微风就舞蹈，能够和任何环境迅速融为一体。做一块聪明的海绵，不管被扔到哪里，都可以迅速吸收能量，成就自己。这是真正高明的职业人的选择。

改变习惯，职场新人超级适应力修炼

有句话叫“性格决定命运”，那么，性格究竟是如何决定命运的？其实原理就在于：性格决定思维—思维决定行为—行为养成习惯—习惯改变命运。每个人最终的命运不同，是因为一个个不同的习惯所导致的不同结果不断叠加累积，从量变到质变，最后发生根本性的改变。

一个好的习惯可能会成就一个人，比如勤奋务实、乐观积极；一个不好的习惯也可能会毁灭一个人，比如一个人染上了赌博、吸毒之类的恶习，他的命运可想而知。因此，要想改变命运，就得改变不良习惯。和命运作斗争，本质上就是和不良习惯作斗争。与此同时，一个人习惯的改变，也会逐步影响到他的思维和性格。

我们先来看看究竟什么是习惯。做几个简单的动作，你就能感受到习惯。比如把双手十指交叉，看看哪只手的大拇指在上？把胳膊交叉抱在胸前，看看哪条胳膊在上？做这两个动作的时候，记得怎么舒服怎么做。不管你是习惯左手在上还是右手在上，做完之后回顾一下，做这两个动作时你感觉舒服吗，容易吗，有经过大脑思考了吗？毫无疑问，你马上会发现，这两个动作实在是太容易了，你不费吹灰之力、不假思索就做到了。没错！这就是习惯。无意识并且非常舒服，根本不需要经过大脑，而且你还非常享受这个过程。正因如此，习惯才成了一种既神奇又可怕的力量。

每个人在适应环境的过程中，都不得不改变自己的很多不良习惯，同时用一个个新的良好的习惯来代替它们。比如，喜欢睡懒觉的人，在面临朝九晚五的上班环境时，不得不改变睡懒觉的习惯，养成按时早起的好习惯。

那么，习惯的改变与建立容易吗？我们到底该如何快速修炼自己的适应力呢？请把前面做过的十指交叉和抱胸的动作重复做一次，这次请记得把左右手的顺序颠倒过来。你做到了吗？我想，你一定能做到。不同的是，你是否感觉到别扭、不舒服，自己的手不听使唤、费脑子？别担心，这非常正常！发现习惯改变的秘密了吗？其实每个人都有改变的潜能，很多人之所以不愿意改变，甚至拿出“江山易改，本性难移”之类的理由来拒绝改变，那是因为改变需要经过一个费脑子、不舒服甚至痛苦的过程，如果你不用大脑去指挥行为，马上就会恢复原来的老习惯。

值得庆幸的是，人类拥有与生俱来的改变潜能，我们并不需要经受太长时间的煎熬。专家们经过研究发现，一般的习惯改变，人类需要21天的初步适应过程，90天的习惯养成过程。也就是说，当你每天坚持改变，坚持到第21天的时候，就会初步适应这个新习惯，你会感觉比较舒服自然，但依然需要用大脑指挥控制自己；坚持到第90天的时候，就会真正养成这个习惯，会感觉舒服自然并且不再需要用大脑指挥就能条件反射般地无意识去做到。

目前大多数企业新员工的试用期是三个月，三个月的设置就是基于90天的习惯养成规律。如果一个员工过了三个月的试用期，还没有把自己的习惯调整到符合企业和岗位的要求，那只能说明两点：第一，这个员工根本就不愿意改变，他对企业和岗位并不认同；第二，这个员工自我控制和管理能力太差，承受不了改变的痛苦。无论出于哪个原因，一般企业都很难继续留用这样的员工。

1997年，那时候的我还是一个非常内向胆小的小女孩。我上师范学校第一天第一节课的情景到现在还历历在目。班主任要求我们每个人做三分钟的自我介绍，轮到我上台后我只说出了四个字“我叫田先”，第五个字怎么也说不出来，低着头不敢看任何人，脸涨得通红，我太紧张了！其实我在台下已经把草稿打得非常好了，但一上台就紧张忘词，没办法。

我在台上杵了足足两分钟，汗如雨下，最后还是班主任帮我解了围。出了这个“丑”之后，晚上回到寝室我躲在被窝里号啕大哭，一晚上没睡着。那时我第一次感觉到，一个师范生，光有好成绩好分数还不够，首先需要训练的是自己的口才。所以躲在被子里的我就下了一个决心，从今天开始，无论如何都要把这个当众讲话紧张的毛病改过来。后来，我报名参加了学校的几个社团，包括文学社、广播站等，积极参与各种演讲比赛，不到一个学期，就把自己演讲紧张忘词的毛病给克服了。

回顾这段经历，虽然过程很痛苦，但我非常庆幸自己当初做了一个明智的选择，我选择了改变自己、适应环境，而不是逃避。如果没有当初的改变，也就不会有今天的我。

如果今天短暂的痛苦改变，能帮你养成一个提升生命质量的优秀习惯，你要不要改变？下面这张表（见表1）可以帮助大家更好地改变自己，养成新习惯。

____年

____月

播下一个行动，收获一种习惯，

播下一种习惯，收获一种性格，

播下一种性格，收获一种命运。

表1 适应能力修炼黄金表

一	二	三	四	五	六	日

使用说明：

（1）每个月用一张表格，一个月中允许有几次稍微反复，但至少应该坚持做到21天。

（2）先填好年月，如“2012年1月”；一个田字格代表一天，田字格左上角画斜线的小格子用来写当天的日期，比如1日就写01，11日就写11；田字格的另外三个小格子代表当天要养成的新习惯，每个格子对应一个新习惯。如“在公司见到任何人都要主动微笑问候”等；最后，把表格打印或复制后，张贴在每天可以随时看到的地方，比如办公桌前、床头，这叫“目视化管理”，不张贴出来一般人很快就会忘记。

（3）为自己制订奖惩计划，某个习惯累积做到21天，就奖励一下自己，反之，则处罚一下自己，把奖惩措施备注在表格下方；如有必要，可以请身边的人帮助提醒和监督。

（4）每天睡觉前回顾当天的新习惯是否做到，做到了就在对应的小格子里划"√"，激励自己再接再厉；没做到划"×"，反思为什么没做到，提醒自己第二天一定要坚持改进。

（5）月底盘点总结，看每个新习惯分别做到了多少天。累积做到了21天的，兑现奖励；累积没有做到21天的，兑现惩罚。

现在，你准备开始行动了吗？行动从哪里开始呢？别着急，做一个具有超级适应力的职场新人，下面三件事情绝对不能错过。

第一，珍惜你的工作。客观地说，第一份工作很可能并不是你所期望的适合你的工作，但是，无论今天的工作多么平凡、平淡甚至枯燥，别忘了，它始终是我们人生中非常重要的一个起点。如果没有这个起点，你的脚将永远吊在半空中。当你双脚离地的时候，你是没有能量的，你的梦想永远只是空中楼阁，无法生根发芽。没有开始，就不会有未来，只要有了开始，永远都不会晚。

第二，尊重你的上司。人无完人，上司也一样。他也许不是最完美的，但他绝对是我们事业发展中第一个贵人。因为你未来的成长与发展，都跟他有着非常直接的密切关系。退一万步说，领导之所以能够成为你的上司，身上一定有某些地方是比你强的，再差的领导也是如此，否则他不可能坐稳领导的位置。因此，要学会换位思考，想想是什么样的原因支持他坐到今天的位置。

第三，欣赏你的同事。也许你总是能挑出身边同事身上这样或那样的毛病和问题，但是依然要学会欣赏。俄罗斯有一个很著名的玩具叫套娃，一层一层往里套，每揭开一层，里面都有一个更小的娃娃，做工精细的甚至可以套到几十层。为什么俄罗斯套娃一层比一层小？我想，大概因为它总是在不断自我复制。想一想，你的团队里如果每个人都跟你是一个模子里刻出来的，思维方式、行为方式完全一样，十个人也相当于一个人，你的团队实力难保不会越来越差。所以，同事与你有不同的思维不同的意见，恰恰是一个相互学习借鉴、取长补短的好机会。学会欣赏你的同事，就学会了如何与每一个跟自己不同的人和谐相处。

如果你还想做得更好，修炼更多，那么，成功职业人的 19 个好习惯，聪明的你绝对不要错过。

成功职业人的 19 个好习惯

- 不说“不可能”三个字。
- 凡事第一反应是找方法，而不是找借口。
- 遇到挫折时对自己大声说：太棒了！
- 不说消极的话，不落入消极情绪中，一旦出现消极情绪立即正面处理。

·凡事先订立目标和计划，并且尽量制作视觉化的“梦想版”。

·工作时间每一分每一秒都做有利于工作的事情。

·随时利用零碎的时间（如等人、排队等）做零碎的事情。

·开会坐在前排，积极发表建议。

·守时，恪守诚信，说到做到。

·写下来，不要太依靠脑袋记忆。

·用心倾听，不打断对方说话。

·不用训斥、指责的口吻跟别人说话。

·每天提前15分钟上班，推迟30分钟下班。

·每天出门照镜子，给自己一个自信的微笑，并随时保持微笑。

·每天有意识、真诚地赞美别人三次以上。

·每天尝试一点新事物。

·每天做一件“分外事”。

·每天自我反省一次。

·不管任何方面，每天至少进步一点点。

每天改变一点，每天进步一点，当优秀成为一种习惯时，你离成功还会远吗？

2

第二章

明确你要过怎样的生活——厚度比长度更重要

我们身上蕴藏着巨大的潜力和能力，这些潜能足以使我们的理想变成现实。只要我们不懈地挖掘自己的潜能，运用自己的潜能，为实现理想付出努力，我们就能够做好想做的一切，就能够成为自己生命的主宰。

从出生开始，我们就坐上了生命列车，开始一生的旅行，不知道什么时候会突然到站。既然长度无法控制，那就不妨给人生之旅增加一些厚度吧，至少，能够活出点价值来。

努力工作，追求幸福人生

人生的终极追求是什么？也许一千个人有一千种答案，但我想，有一个答案大家一定不会否认，那就是追求“幸福”。在我国的“十二五”规划中，提升国民的“幸福指数”被正式提上日程。

在美国电影《当幸福来敲门》中，克里斯·加德纳想要做一个好爸爸。但他事业不顺，生活潦倒，只能每天奔波于各大医院，以卖骨密度扫描仪为生。一个偶然的机会，他得知做证券经纪人并不一定需要大学文凭，只要懂数字和人际关系就可以，于是他主动去找维特证券的经理。凭借自己的执著和非凡妙语以及一个魔方的帮助，克里斯·加德纳得到了实习的机会。但是实习生必须无薪工作六个月，最后只有一个人会被录用，这对克里斯·加德纳来说，实在是太难。这时，他和儿子因为极度贫穷而失去了住所，过着东奔西跑的生活。他一边卖骨密度扫描仪，一边做实习生，还必须去教堂排队，争取得到教堂救济的住房。他一直很乐观，并且教育儿子不要灰心。功夫不负有心人，凭借自己的努力，克里斯·加德纳最终脱颖而出，获得了股票经纪人的工作，后来还创办了自己的公司。

“如果你有梦想的话，就要去捍卫它。如果你有理想的话，就要去努力实现。就这样。”这是这部电影中最动人的台词，我想说的是，幸福并不只是一种简单的心理感受，更是一种能力，如果没有这种能力，哪怕幸福天天来敲你的门，你也会与它擦肩而过。

闭上眼睛，想象一下，如果你现在一无所有，没有健康，没有财富，没有地位，没有事业，没有家人。在这种情况下，我给你100元，让你参与一场竞争激烈的幸福拍卖会，参与竞拍的每个人都和你一样只有100元，你要用这100元来买能带给你幸福的东西，而这些东西到底是什么，有多少，没有人知道。那么，你会买什么，怎么买，出多少钱去买？

让我来猜一下你的状态吧，你是不是想到了各种各样想买的东西？是不是在算计着每样东西到底该分配多少钱？是不是感觉钱太少不够花？是不是在犹豫到底要选哪个东西？是不是在猜测好东西究竟是在前面还是在后面？

事实上，这个游戏我在课堂上做过不下一百次了，但每次都会发现同样的情形，那就是真正能买到自己想要的幸福的人很少，而大多数人不是钱不够花，就是钱没花完，所以，大多数人都没有得到真正的幸福。

游戏可以重来，但人生永远无法重来。到底该如何把握身边的幸福，如何在现有的职场平台上，更好地规划幸福人生呢？

幸福人生的第一个密码——明确目标

知道自己真正想要的生活是什么样的，不要跟风或者盲目行动。目标是人生的灯塔，否则，你的人生之船终将迷失在茫茫大海，甚至会在突如其来的风浪中葬身海底。

哈佛大学有一个非常著名的关于规划对人生影响的跟踪调查。调查对象是一群智力、学历、环境等条件都差不多的年轻人，调查结果如下：27% 的人无目标，60% 的人有较模糊的目标，10% 的人有清晰但短期的目标，3% 的人有清晰且长期的目标。

25 年以后，哈佛回访了这些人，回访结果如下：无目标的 27% 的人几乎都生活在社会的最底层，他们的生活都过得很不如意，常常失业，靠社会救济，并且常常抱怨他人，抱怨社会，抱怨世界；有模糊目标的 60% 的人几乎都生活在社会的中下层，他们能安稳地生活与工作，但都没有什么特别的成绩；有清晰的短期目标的10%的人大都生活在社会的中上层，他们的共同特点是那些短期目标不断被达成，生活状态稳步上升，成了各行各业不可或缺的专业人士，如医生、律师、工程师、高级主管等；有清晰的长期目标的3%的人，25年来几乎不曾更改过自己的人生目标，他们一直朝着同一个方向不懈地努力，现在，他们几乎都成了社会各界的顶尖成功人士，其中不乏白手起家的创业者、行业领袖、社会精英。

25年前只是一个想法的差别，25年以后，却变成了现实生活的千差万别！这就是目标规划的力量！

贫困线上挣扎的生活、温饱生活、小康生活、上流生活，你这辈子过上哪种生活就会觉得知足了呢，想好了吗？

如果这个问题都没有想好，那你每天都在忙什么，为什么而忙呢？看看这个“忙”字的构成吧，左边是一颗心，右边是死亡的亡。所以，我们的老祖宗早就在告诫我们，如果一个人忙得连思考和规划的时间都没有了，那么他离死亡也就不远了，充其量只是“行尸走肉”罢了。

“水静如镜”，水只有平静下来才能当镜子，人只有安静下来才能反省自身。无独有偶，南美的土著人自古以来便流传着一项神秘的习俗，在赶路时，他们会竭尽所能地拼命向前冲，但每走上三天，便需要休息一天，以便“让灵魂跟上身体的步伐”。大家都很忙，但很多人没有明确且具体的人生规划，所以是在瞎忙！而瞎忙等于浪费时间，浪费时间等于慢性自杀。

如果你不想慢性自杀，如果你想过上案例中那10%的人甚至3%的人的生活，那么，从现在开始，马上制订自己的人生目标与计划吧。

刘伟，“断臂钢琴师”、音乐人、第一季《中国达人秀》总冠军。他的一句“我的人生中只有两条路，要么赶紧死，要么精彩地活着！”被广为传颂。坚韧不拔、积极乐观的精神感动了全世界。他10岁时因触电意外失去双臂，12岁开始学习游泳，14岁获得全国游泳冠军，16岁开始学习打字，19岁自学钢琴，仅用一年即弹奏出相当于手弹钢琴七级水平的钢琴曲《梦中的婚礼》。2010年，他摘得第一季《中国达人秀》总冠军。2011年，他登上维也纳金色大厅演奏中国名曲《梁祝》，受邀前往英国伦敦与前首相夫人切丽·布莱尔会面。2012年他当选“感动中国”年度人物。他有远大的目标，他说，“男人要对自己的梦想负责，我的梦想就是成为一个一流的音乐制作人”。

我想，其实刘伟在10岁时失去双臂后，应该还有一个更现实的目标，那就是把用手的习惯改变成用脚，学会自己照顾自己。所以他说，“我从来没有把我当什么特殊群体，我觉得我跟别人没有任何不一样，我只觉得你们用手做的事情，我用脚做，只是换了一种方式而已，没有不一样。”

这就是一个小伙子带给全中国乃至全世界的震撼与感动。在刘伟身上，我们看到了目标的力量，看到了梦想与现实结合的体现。如果不是因为对于梦想与目标的执著，如果不是因为一步一个脚印，就不会有今天克服重重困难重获新生的刘伟。

2002年年初，我进入顾问行业的第一份工作是研发编撰财经管理方面的图书，公司的要求是每个月至少要出一本。对于当时毫无写书经验的我来说，这确实是一件很困难的事情，但当时我是研发团队里招进去的第一批成员，整个团队三个成员加一个领导，都没有什么经验。于是我们尝试着先理清思路：第一步，把一本书的“浩大”工程进行分解，三天内拿出选题计划，确定书名和目录，20天拿出初稿，最后用7天撰写、修订序言及相关文案；第二步，把每本书10万字的字数目标分解到20天里，每天完成5000字。这样一来，每个人都觉得一天完成5000字还是可以的，压力一下子小了很多。

写完第一本书之后我就开始带团队，带的也都是新手，绝大多数人都没有相关工作经验，所以如何快速培养他们就成了我每天琢磨的事情。我很快发现每天完成5000字虽然不算多，但还是有些人会觉得有压力。经过计算，我发现根据我们编撰书籍的排版风格和特点，一本书大概是100个Word标准页面，也就是说，每天只要写够5个Word标准页面就可以了。从5000到5，大家心理感觉的压力自然就更小了。

后来，我进一步对每本书的写作周期进行严格的项目管理，要求大家把目录细化到至少三级，再根据书的重点详略，对每个目录要点进行规划，确定分解到每个目录要点大概需要多少字数，包括几个案例、几个故事、几个练习等。这样一来，写书就完全变成了一个流水作业般的标准化项目。为了保障项目进度，我们在每个项目启动前都会达成共识，那就是当天完不成进度要自行安排加班，确保今日事今日毕。

经过这个自己摸索和管理实践的过程，后来我们的研发团队日益壮大，并且培养出了一大批研发高手。

心理学家们通过大量研究发现：当人们的行动有了明确目标，并能把自己的行动与目标不断地加以对照，进而清楚地知道自己的行进速度与目标之间的距离，人们行动的动机就会得到维持和加强，就会自觉地克服一切困难，努力达到目标。确实，要达到目标，就要像上楼梯一样，一步一个台阶，把大目标分解为多个易于达到的小目标，脚踏实地向前迈进。每前进一步，达到一个小目标，都会体验到成功的喜悦，这种喜悦将推动你充分调动自己的潜能去达到下一个目标。

在现实中，我们的很多目标和梦想之所以会半途而废，往往不是因为难度太大，而是觉得成功离我们太远，确切地说，我们不是因为失败而放弃，而是因为倦怠而失败。所以，在设定远大目标的基础上，要学会将目标细化和分解，以便于更好地指导自己的行为，保障目标的最终实现。

下面要跟大家分享的工具叫做人生幸福八卦图（见图 1），它将帮助大家科学合理地规划人生目标。

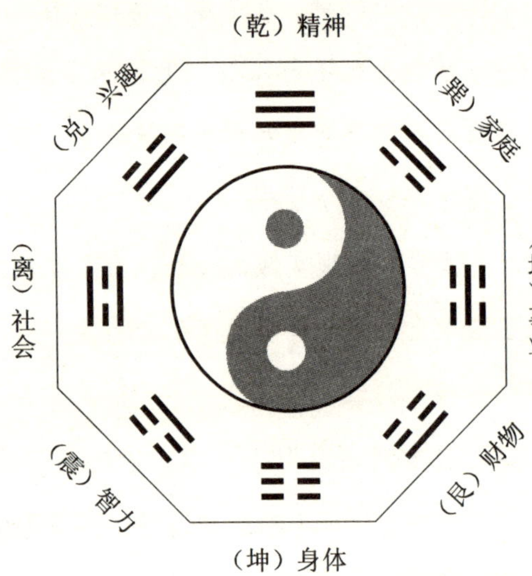

图 1　人生幸福八卦图

之所以用八卦来代表幸福人生的八个指标，是因为八卦无论卦象如何变化，总是能保持阴阳平衡。人生也是一样，虽然我们追求幸福的重心可能会不断变化，但必须学会在变化中保持平衡，否则人生就会顾此失彼，难以幸福和圆满。

借用周文王对于八卦的解说，我们可以把八卦看成一个整体，就像是一个完整的家庭。乾卦跟坤卦分别代表父母，乾坤指天地，代表父亲是天，母亲是地。父母生养了三个儿子三个女儿，男主外女主内。

“精神”是生命的天，即乾卦，包括对自己的道德约束与要求、价值观、信仰，没有了这些，我们的生命品质就无从谈起。“身体”是生命的地，即坤卦，包括健康、寿命。大家应该都听说过这句话：“健康是1，其他是0，有了健康，生命的价值才有无限放大的可能。否则，1都没有了，再多的0也没有意义了。”在生命的天地中，我们开始了一生的修炼与发展。

在人生中，哪些因素是外在的后天修炼所得？大儿子震卦代表的是“智力”，包括智慧与能力，我们从生下来开始就一直在做并且做得最多的事情是学习，学吃饭、学走路、学说话等，这是后天必经的一个修炼过程，带给我们心灵的充实与满足。智力修炼到一定程度，我们就开始了工作，无论是打工还是创业，都属于二儿子坎卦所代表的“事业”，事业带给我们自我价值的实现与快乐。有了事业，人生的第三样东西就来了，那就是三儿子艮卦所代表的“财物”，包括所有财富与物质，财物带给我们物质的安逸与保障。

在人的一生中，哪些事情能真正带给我们内心的幸福与快乐？大女儿巽卦最重要，她代表的是“家庭”，包括美满幸福的情感、婚姻、亲子关系及其他家庭关系，家庭是我们心灵永恒的温暖港湾。如果我们照顾好了自己的小家，就可以学会适当地把爱分一点出来，这是二女儿离卦所代表的“社会”，承担社会责任，包括做志愿者、做义工、献爱心等，她带给你更高层面的助人为乐的快乐。在照顾好小家与大家的同时，也别忘记在适当的时候疼爱和宠爱自己，这就是小女儿兑卦所代表“兴趣”，包括发展兴趣爱好、享受生活旅游度假、休闲娱乐等，她带给我们的是身心的彻底放松与快乐。

现在，我们已经知道，人生的规划不仅仅只有一个目标，必须细分为八项目标，并且不同的目标彼此间是有严格的内在关联的。比如有智力才可能有事业，有了事业才会有财物，有了财物才会有兴趣自由的基础。

很多年轻人动不动就把目标设定为30岁前赚100万元，看起来这个目标好像还不错，但是仔细一想，光设定一个财物目标一点用也没有，因为财物不会凭空掉下来，一定要通过你的智力的提升或在创造事业的同时产生。财物只是一个顺其自然、水到渠成的结果，而智力的提升与事业的发展才是最重要的。所以单独规划财物目标是毫无意义的，真正需要规划的是智力和事业目标，实现了这两个目标自然就会有源源不断的财物。

还有人的目标是45岁以后退休环游世界，这是兴趣目标。但环游世界的前提是什么？你总得有基本的财物保障，先照顾好家人的基本生活吧？而要有财物保障，就得先有智力和事业基础，所以单独的兴趣目标规划也毫无意义。

你一定很想知道这八项目标到底该如何制定、如何分解，别着急，马上来看看这张表（见表2）。

表2　人生幸福八卦规划表

幸福八卦	人生总目标	年龄阶段目标	所需条件	行动计划	目标校对
精神					
身体					
智力					
事业					
财物					
家庭					
社会					
兴趣					

使用说明：

（1）人生总目标是指这辈子在这个指标上最终达到什么程度你就知足了，这个不需要问别人，只要对得起自己、对得起你所爱和爱你的人就行。

（2）年龄阶段目标是指把人生总目标分解为不同年龄阶段目标，比如25岁、30岁等，也可以把每年作为一个小阶段。

（3）所需条件是指要达到这个年龄阶段的目标需要具备什么条件，包括人力、物力、财力等，既包括自身条件，也包括身边一切可以利用的资源。

（4）行动计划是指要达到这个目标的人力、物力、财力的条件，需要做什么，如何去行动。

（5）目标校对是指每个年龄阶段目标到期后，对自己的目标完成情况进行检查校对，如果刚好完成，则按原计划继续下一步；如果没有完成，则检讨原因，争取下一阶段尽快赶上原计划；如果提前或超额完成计划，在高兴和自我肯定之余，可以提高下一阶段的目标，加快下一阶段的行动速度。

在目标设定中，还需要遵循一个最基本的“SMART”原则，其具体含义是：

· Specific，表示明确的、具体的，如升职，必须明确升到哪个职位。

· Measurable，表示可测量的，尽可能通过客观指标来反映目标，比如保持苗条这个目标，显然就不如到把体重控制在45千克以下来得更实际，因为体重是可以测量的。

· Aligned，表示达成共识的，阶段目标必须与长远目标保持大方向一致，两者之间必须有足够的关联性。

· Reasonable，表示合理的，目标具有一定的挑战性，通常是那种“跳一跳能够到”，并不是遥不可及，否则容易让人丧失信心。

· Time-Bound，表示有时限的，目标有具体的实现时间限制，比如具体到某年某月某日，对于一些更详细的目标，甚至可以细分到某日的某个时刻。

很多人最犯愁的是如何把一个看起来很大的目标分解成一些小目标，最终落实到具体行动中，我们来看如何实现两年内升职目标的例子，实现这个目标可分三步进行。

第一步，很明显，这个目标不够明确具体，所以需要明确到底要升到什么样的职位，比如目前公司哪个部门、哪个职位是你看好并且特别想要得到的。明确职位之后把时间限制具体化，两年后，你多大年龄？假如两年后你是25岁，那么，你的年龄阶段目标就是，25岁以前要升到公司某个部门某个职位。

第二步，问自己“在我们公司升职的条件是什么？什么样的人才能升职？”一般而言，要升职，过硬的业绩、综合素质、人际关系缺一不可，明确好这三个方面你分别需要做到什么程度和做到什么标准。这样一来，升职这个目标就被细分成了三个小目标。

第三步，问自己“要达到这三个标准和条件，从现在开始应该如何一步步去行动？”比如业绩提高，那就得付出加倍的努力；素质提升，除了工作中的锻炼，还需要8小时外自己的总结与学习充电；人际关系，那就得积极经营与维护人脉。这样一来，就能制订行动计划，并且把行动计划细分到两年中的每一年、每个季度、每个月、每周甚至每天。

在这个例子中，从目标分解到行动计划的基本思路是“倒推法”，即“要想怎样、就得先怎样”，从上往下、从大到小，如层层剥笋，行动计划自然一步步水落石出。

国际电影巨星阿诺德·施瓦辛格于1947年7月30日出生在奥地利格拉茨的特尔村。十岁生日那天，父亲让他说出自己的人生理想。施瓦辛格许下了三个愿望：第一，成为世界上最强壮的人；第二，成为成功的商人；第三，成为出色的政治家。

他是怎么通过“倒推法”来实现自己的目标呢？首先，要强壮就得有强健的体魄，于是他苦练健美；其次，要成为成功的商人就必须有钱去做生意，通过生意的壮大来赚更多的钱，于是他去参加健美比赛，并利用获得的奖金及名气开始经商；最后，要成为出色的政治家就必须从政，并且想办法达到更高的职位。从政需要背景，他一个草根出身的明星与商人，有名气有钱但是没背景，所以他得找到一个愿意帮助他的贵人。这个世界上除了父母还有谁能无条件帮助他呢？那就是他的妻子，借助妻子肯尼迪家族的背景，施瓦辛格成功地实现了自己的第三个愿望。

人生是一盘棋，从出生的那一瞬间开始，无论你是否愿意，这盘棋都已经开始下了，对手是时间，所有人的结局都一样——最终走向死亡。既然结局注定，唯有珍惜生命的过程，尽量让过程更充实、更精彩。在你的每一个人生阶段，都可以使用“人生幸福八卦图”，通过“倒推法”来全方位规划人生目标，找到自己的人生方向，让目标激发你克服困难不断前进的勇气、信念和潜能。

幸福人生的第二个密码——量力而行

人生的资源总是有限的，无论是身体还是时间或是其他，希望越大，失望也越大，欲望一旦失控，很容易把人拉入无底的痛苦深渊。因此，当资源有限时，一定要找到自己最想要的是什么，学会知足很重要。

在这里，给大家介绍一个非常重要的工具——价值观。价值观是指一个人对周围客观事物（包括人、事、物）的意义、重要性的总评价和总看法。一方面表现为价值取向、价值追求，凝结为一定的价值目标；另一方面表现为价值尺度和准则，成为人们判断事物有无价值及价值大小的评价标准。对事物的看法和评价在心目中的主次、轻重的排列次序，构成了价值观体系。价值观和价值观体系是决定人的行为的心理基础。

我们的人生总是面临一个又一个的选择题，该何去何从，总是反复纠结。从上面的定义中可以看出，价值观可以帮助我们做好两项最关键的选择，那就是“取舍”和“排序”。当鱼和熊掌不能兼得时，价值观会告诉我们到底应该保留哪个、放弃哪个；当鱼和熊掌实在都不想放弃时，退而求其次，价值观会告诉我们应该先要哪个、后要哪个。

2011 年 10 月 13 日，两岁的小悦悦（本名王悦）在佛山南海黄岐广佛五金城相继被两车碾压，7 分钟内，18 名路人路过但都视而不见，漠然离去，最后一名拾荒阿姨陈贤妹上前施以援手，引发网友广泛热议。2011 年 10 月 21 日，小悦悦经医院全力抢救无效，于零时 32 分离世。

我曾经在培训课堂上多次就这个事件调查学员们的反映，得到的主要处理方式分为三种：小部分人认为无论如何，自己都会第一时间毫不犹豫地选择救助；大部分人认为自己会适当提供救助，但前提是得先想好如何保护好自己以免惹祸上身；极少数人认为自己可能不得不选择“事不关己，高高挂起”。

对于这个调查中三种不同的处理方式，究竟谁的选择更有道理？你更愿意支持谁的选择呢？也许你会觉得这个选择很难做，你希望两全其美。但人生就是这样，在真实的人生中，我们经常面临鱼和熊掌不能兼得的纠结情况，这时，价值观就像一杆秤，它会告诉你孰轻孰重、孰先孰后。

选择三种不同的处理方式，其实就代表了他们各自不同的价值观：第一种价值观是以助人为重，第二种价值观是先自保再助人，第三种价值观则以自保为重。很难说有绝对的对与错，无论如何选择，每个人都一定有自己最看重的理由。

当面临理想与现实的矛盾时，年轻的你究竟该如何抉择？是放弃理想，还是放弃现实？人生幸福的八卦中你愿意放弃哪一卦呢？我想，你一定都不愿意放弃。怎么办？这个时候，价值观会告诉你，实在不能放弃的时候，那就先做排序吧。

世界上97%的人，对自己的人生价值观都没有做过深刻的思考，更没有想到要把各种价值观依重要性排列顺序。由于从来没有对价值观的重要性排列过顺序，所以在两个方面的价值观产生矛盾时，常常迟疑不决，一脚踩油门，一脚踩刹车，导致作出错误的决定。事实上，只要我们明确了价值观的定义，深刻地思考过价值观的顺序之后，应该怎样作决定，方向是什么，就很明确了。我们先用两道题来测试一下你的价值观排序。

第一题：如果你有足够多的钱，拥有足够的时间与空间，没有任何其他责任与负担，你最想做的事情是什么？为什么？把你最想做的事情和原因按照先后顺序写下来，最多不超过三条。

第二题：在人生幸福的八卦中，事业、财物、家庭、兴趣、社会、精神、身体、智力，如果只能保留一项，你准备留哪一项？假如只能保留两项，那么你会保留哪两项？依此类推，第三、第四、第五、第六、第七、第八重要的是什么？

第一道题做完以后，你需要帮自己提炼和挖掘一下背后隐藏的核心信息。比如，很多年轻人最想做的事情是去环游世界，你可以追问一下自己，你想怎么去，一个人去还是和其他人一起去？和什么人一起去，家人、朋友还是陌生人？希望从旅游中得到什么，是得到放松快乐、家庭的温暖，还是增长见识开阔眼界增加阅历？如果想和家人一起去，说明你真正最在乎的是家庭；如果最想从旅游中得到的是增长见识，说明你真正最在乎的是智力；如果你只是想放松，那说明你真正最在乎的是兴趣。用这样的方式，可以挖掘出自己内心真正的价值观。

第二道题会有点残酷，大多数人好不容易排完顺序后依然觉得很难受，为什么觉得难受？因为作出选择的过程很纠结很痛苦。

接下来，再看看这两道题的排序，它们一样吗？你可能会发现，这两道题的排序是有差别的，甚至是完全相反的。比如，第一道题里很多人把兴趣、家庭排第一位，但第二道题里很多人不得不把身体、事业、智力等排在前面。其实，这一点都不奇怪，大多数人都会出现这样的差别。虽然两道题同样都是在测试你的价值观排序体系，但第一题是基于理想状态的感性的排序，第二题是基于现实的限制状态的理性的排序，因此，这两道题的差距，其实就是你的理想与现实的差距。

明白这两种价值观之间差别的意义在哪里呢？你也许已经恍然大悟了。是的，当我们不得不面临现实的抉择时，你需要的不是理想的价值观排序，而是现实的价值观排序，也就是说，根据现实的环境与条件，理性地重新调整自己的价值观序列，可以更好地平衡理想与现实的差距，更好地适应现实环境。

放弃一定很痛苦，但事实上在你的人生中，并没有那么多非此即彼的极端选择，更多的是如何通过排序的方式来权衡和变通。今天的暂时放弃，是为了明天更好地拥有，这才是真正的“量力而行”。

乔致庸（1818—1907），字仲登，祁县乔家第三代人。他出身商贾世家，自幼父母双亡，由兄长抚育。本欲走入仕途，结果刚考中秀才，遭遇兄长故去，只得弃文从商，最后成为晋商的成功代表。

电视剧《乔家大院》中有一个经典片段，乔致庸晚年白发苍苍时，对着镜子自言自语地评价自己的一生：“我有智慧，我有勇气，我要按照我自己的路去走，何尝不是一个李白、杜甫、白居易、王维！可现在呢？一个老地主！一个老地主、一个老财主坐在这个大院子里，这不是我想要的！不是我想要的！”

从台词中不难看出，在外人眼中的成功商人乔致庸，对自己的一生却并不满意，他觉得自己不成功、不幸福、不快乐，并陷入了深深的痛苦之中。他的理想是从文，而现实条件却迫使他不得不从商。在从文的理想与从商的现实中，他选择了从商，放弃了从文。

表面上看起来他的选择似乎没有什么错，但仔细一想我们就会发现，乔致庸痛苦的根源就在于在理想与现实之间他错误地进行了非此即彼的“取舍”，而不是平衡变通的“排序”。因此到了最后，从商越成功，离他从文的理想就越远，他的内心也就越痛苦。

乔致庸有没有办法平衡从文与从商这两件事情呢？答案是肯定的。如果他能先把从商做好，商业发展到一定程度，再逐步培养接班人，把自己的精力抽出一部分从文，比如办个诗社以文会友之类，甚至抽点时间发展从文的兴趣爱好，作为闲暇寄托，估计也不至于到老了之后这么痛苦。

事实上，大多数人的现实和理想的矛盾，都发生在两类事情上。

第一类事情，想要做的事与必须做的事。比如你今天想要睡懒觉，但是又必须很早起来上班，否则你可能就会面临天天被迫睡懒觉——失业。

第二类事情，感兴趣的事与有现实意义的事。比如你真正感兴趣的是去环游世界，但是现实是你必须先去上班赚钱和发展自己，否则等不到旅游那天就先饿死了。

现在，请用排序的方法，来对这两类事情做个选择吧，究竟先做什么再做什么才是最明智的量力而行呢？

那就是先做必须做的有现实意义的事情。成熟的职业人士一定懂得这一点，因为只有先做好必须做的有现实意义的事情，才有基础、有条件、有可能去做想要做的真正感兴趣的事情。

当然，这样的选择一定会给你带来一定的压力、不舒服甚至痛苦，但毫无疑问，这是一个人生必经的修炼过程，除此以外你别无他法。等到有一天，梦想都实现了，你就会发现，今天的一切压力和痛苦都是值得的。所以有句话说得好，“风光的背后是沧桑”，当你看到别人表面的风光时，请想一想，风光的背后别人经历了多少、承受了多少。就像大牌明星在成名以前，都要经历跑龙套、当替身、做免费工的过程，也许辛苦半天，也没有一句台词，甚至连脸都没在屏幕上正式露一下，但这些，他们都不得不去面对和接受。因为他们知道，接受了不一定有机会，但不接受绝对不会有机会。

在著名的香港电影《喜剧之王》中，主人公尹天仇醉心于戏剧表演却始终不得志，但他依然不屈不挠地寻找机会，还在街坊福利会开设戏剧训练班，但是几乎没有人捧场。为了争取更多的演出机会，他不惜当一位跑龙套的临时演员，而酬劳也只是一份盒饭。

一天，尹天仇终于得到了面试的机会，大明星杜鹃儿将与他饰演一对恋人，杜鹃儿死了，尹天仇必须痛哭流涕不能自已。尹天仇演得很投入，说哭就哭，鼻涕都快要流到杜鹃儿嘴里，最后尹天仇终于成功通过了面试考核。

相信很多人看到这个片段时都会忍不住发笑，但笑声的背后，我们是否也能想到点什么呢？我看到的是，尹天仇固然在演艺圈饱受有志难伸的无奈与现实的残酷，而身为大明星的杜鹃儿，也同样不得不接受演员的现实，如果导演不喊停，即使尹天仇的鼻涕流到她的嘴里，她大概也是不能动的。

在我的课堂上曾经有一个1989年出生的小伙子，听我讲到理想与现实这个部分时，他的情绪异常激动，眼泪都下来了，我问他怎么了，他说因为想到了自己被埋葬的梦想。我于是很有兴趣地追问他究竟是怎么回事，他哽咽着说，自己小时候最大的梦想是画画，经常在上课时躲在书后边涂鸦，画老师、画同学、画窗外的风景，但是老师和父母都不理解他，认为他不务正业，非常残忍地撕碎他的作品，并且命令他不准再画。后来他不得不放弃了自己的梦想，再后来他上了大学，毕业后进入一家公司做起了销售，每天要面对大量的客户拒绝甚至嘲讽。

听到这里我马上调整了讲课思路，我觉得这是一个很好的案例，我有义务引导和帮助他。于是我引导大家用我前面讲到的价值观的使用法则来帮他出主意，看他的画画的理想与做销售的现实是否可以调和。

大家很快给出了有效的建议，那就是：销售目前是他的事业，但画画可以先作为一个兴趣，他不需要完全放弃画画，他可以利用业余时间继续画画，甚至还可以利用做销售赚到的钱来学习提升自己的创作技能，然后去尝试投稿。如果有一天他的画画水平提升到一定程度，他就可以很自然地实现由现实到理想的转变，把画画作为新的职业和事业。而现在，他依然需要做好销售，因为销售一方面保障他的生存，另一方面也为他的画画提供生活的素材与经验。

听完大家的建议和我的总结，他的情绪平静了很多，我相信，他已经找到了从现实到理想的前进之路，不会再陷入迷茫痛苦，也不会再轻言放弃。

很多人喜欢爬山，事实上，爬山的过程其实和人生的过程颇为相似。爬山有两种爬法：第一种是走现成的路，走大家都已经走得比较顺了的路；第二种是走“野路”，走没人走过需要自己开辟的路。

这两种路在爬山的过程和结果上有什么区别？从表面上看来，走现成的路似乎要多走一些冤枉路，多花点时间，因为这种路大多是弯弯曲曲的，并不是像直线一样从山脚笔直延伸到山顶。不过，因为比较顺，过程也会舒服一点，没那么辛苦，更没那么多风险。而走野路就不一样了，看起来好像可以走直线，从山下直冲山顶，少走弯路，但仔细一想，其实不然，走野路往往跌跌撞撞，需要承担迷路、摔倒甚至威胁到生命安全的风险，因此，一路下来，就算最终没有危及生命，所花费的时间和辛苦可能比走顺路反倒要多得多。

人生也是一样，在现实与理想之间，走直线走捷径不一定能节约时间，反倒有可能“欲速则不达”；相反，用平和的心态适当走走“弯路”，立足现实量力而行，一级台阶一级台阶地往上提升，避开风险，少犯错误，往往才是节约时间、加速成长与成功的真正捷径。

在现实与理想之间，人生的台阶究竟是如何一步步搭建的呢？下面的这个标准可以给你一些参考。

人生成功的标准

·4 岁的时候，成功就是不尿在裤子上。

·12 岁的时候，成功就是有朋友围绕。

·35 岁的时候，成功就是事业有成。

·70 岁的时候，成功就是有朋友围绕。

·80 岁的时候，成功就是不尿在裤子上。

4 岁时不尿裤子，代表小孩的发育比较健康，所以对于一个 4 岁的小孩，“身体”最重要；12 岁时有朋友围绕，代表他有一个快乐美好的童年，所以对于一个 12 岁的孩子来说，让他玩好、发展“兴趣”最重要，可惜现在很多家长错误地把“智力”放到前面去了，整天逼着小孩学这个学那个，扼杀了小孩的天性；35 岁时事业有成，代表有一个稳定的事业基础，能承担起成年人的家庭与社会责任，所以对于 35 岁的成年人来说，“事业”最重要；70 岁时有朋友围绕，代表不孤独，有志同道合的朋友，这是“兴趣”的一部分；80 岁时不尿裤子，代表还很健康，所以 80 岁的人“身体”最重要。

发现了吗？随着年龄的增长，人生最重要的关键指标、排在第一的东西一直在变，有时候是身体，有时候是兴趣，有时候是事业或者其他，到最后又变成身体和兴趣。

中国有句俗话叫“好钢用在刀刃上”，其实人生也一样，我们的资源总是有限的，比如身体、时间、财富、精力等，所以，不同的人生阶段要学会做不同的事情，在人生幸福的八卦中，找到属于每个人生阶段“刀刃”的那一卦，然后集中力量，重点突破，这才是真正的量力而行。只有这样，目标才更容易实现。反之，若“满天的麻雀都想抓尽”，最后很可能会因为精力分散而顾此失彼，最终一事无成。

很多人之所以有太多压力和痛苦，就是因为老想着一瞬间把所有目标都实现。我经常听到一些年轻人抱怨压力太大，房子、车子、票子都得赚，还得抽时间陪女朋友约会，还得想着一年要去旅游几次，还不想加太多的班……哪里有这样的好事！

当你没有办法满足全部愿望的时候，一定要学会排序。现在，马上就给你的人生做一个整体的排序与阶段性计划吧。

与此同时，请千万记住，永远不要透支你的人生！人生有两张信用卡，从出生开始，伴随你一生。第一张信用卡是健康，第二张信用卡是时间。这两张信用卡一旦透支，永远都还不上。但是，很多人却在不知不觉间轻易透支了这两张信用卡，并不得不承受因此产生的恶果。有人透支了健康，年轻时拿健康去换钱，拼命加班加点熬夜，不注重锻炼和饮食，到中老年的时候落下一身病根又希望拿钱去换回健康；有人透支了时间，年轻时在学校里不好好学习提升能力，过早地享受人生、休闲娱乐，工作后才发现“书到用时方恨少”，不得不在人到中年后牺牲陪家人、休闲娱乐的时间来充电补课。

美食家原晓娟参与创办了一本美食杂志《美食与美酒》，每天的工作就是到世界各地品尝各种美食，然后写成文章来介绍。她的工作非常繁忙，经常熬夜，没有休息，而且吃的又没有规律，结果得了胃癌，最后把胃全部切除。手术后本来恢复得还不错，可是没休息几个月她又开始忙于工作，品尝各种美食，后来终因癌细胞扩散不治而亡，留下悲痛的丈夫和一个可爱的孩子，原本幸福的三口之家就这样被破坏了。她的丈夫在接受采访时说，“我们原本以为忙过一个阶段等事业稳定后，就可以安稳一点、悠闲一点了，但是没想到，她的身体没能等到这个时候。”

可见，量力而行，做好价值观的理性排序与平衡，先做必须做的、有现实意义的事，人生就可以减少很多无谓的纠结与痛苦，进而获得更多的知足与坚定，这是一个成熟的职业人最聪明的生存法则。

幸福人生的第三个密码——把握当下

没有当下就没有未来，一个连当下都把握不了的人，永远没有资格拥抱未来。先做好目前你能做的、该做的事情，而不是天天去想未来有没有更好的事情，否则未来永远只是空中楼阁。

32 岁的李博士已经毕业两年了，还没找到工作。他曾经面试过很多个单位，但每次都因为薪水问题无法达成共识。李博士觉得自己寒窗苦读这么多年，怎么也应该有个过得去的收入，所以他的底线是月薪绝对不能低于5000 元。但他就读的专业比较冷门，对口的工作很难找，不对口的工作，一般企业又给不了这么高的薪资起点。就这样高不成低不就的，一晃两年就过去了。时间一久，李博士越来越迷茫，不知道该从哪里做起，于是每天就在家里待着，上上网，打打游戏。

他的女朋友小刘大学本科毕业后就开始工作了，依靠女朋友的经济支持，李博士才陆续念完了硕士和博士，博士毕业后他们就结婚了。本想着等他的工作落实后就考虑要个孩子，但现在，小刘开始担心，再这样下去，自己是不是还有足够的信心和他一起生活。小刘的想法很简单，她说自己现在对他没有太多收入方面的要求，只是希望他能有一个开始，但他这两年来的表现，实在让小刘无法继续无条件信任和支持他。

确实，小刘的要求并不过分，真正需要调整和改变的是李博士自己，他总是活在理想中，而忽略了自己其实最需要的是一个现实的起点。现在很多单位对待初出茅庐的毕业生，一般都会要求其从基础做起，通过基层的锻炼来检验和提升其实际能力。

就像学习游泳，如果你只是天天想象、观摩各种游泳的要领和姿势，就算把这些要领和姿势刻入脑海也无济于事，一下水依然是旱鸭子一个。要学会游泳很简单，多喝几口水多扑腾一阵，自然而然就慢慢浮起来了，再练习一段时间，就会越来越熟练，姿势也会越来越优美。

在进入 IBM 之前，吴士宏只是一名普通的护士。为了改变原来毫无生气甚至满足不了温饱的状况，她凭着一台收音机，花了一年半时间学完了《许国璋英语》三年的课程。然后她鼓足勇气，走进了世界最大的信息产业公司——IBM 公司的北京办事处。她获得了录用，但起点只是一个卑微的角色，沏茶倒水，打扫卫生，完全是脑袋以下肢体的劳作。在经历过艰难的内心挣扎之后，她发誓要改变自己，要往上走。她刻苦学习，并申请去业务部门工作。最后，凭着自己的努力付出她成为第一批本土经理，又成为第一批去美国本部做战略研究的人，最后，她成为IBM华南区总经理。

1998年2月，吴士宏离开了她工作了整整十二年的IBM，成为微软大中华区CEO，登上职业经理人的又一个高峰。

在很多人眼中，外企始终是一个耀眼的光环，但事实上，在光环的背后，并不是每个人都能获得耀眼的成长。吴士宏在《逆风飞飏》一书中，阐述了其职业生涯和在迅速发展的社会生活中个人的成长思路。不难看出，成就吴士宏的是她骨子里那份要强与坚韧，一旦认准了目标，哪怕起点再低再艰苦，她都可以义无反顾地为之付出全部努力。

反观现在很多年轻人，一毕业就觉得自己应该进高档写字楼当个所谓“白领”，读完MBA就觉得自己应该去做管理，事实上，合适的机会并不多。当你面前只有一个派单员、导购员甚至是打杂的机会时，你是否能调整心态、从容面对，如吴士宏般逆风飞扬？

鲁迅先生曾经说过，世上本没有路，走的人多了，也就成了路。我想，人生的发展何尝不是如此，人生本没有机会，做得多了，机会自然就来了！如果你永远不去行动，永远只是站在岸边观看和空想，机会总是会跟你擦肩而过，到最后，理想和梦想最终都变成了“空想”，永远无法实现。

很多人经常感叹，如果怎样他就会怎样，事实上，这种假设除了徒增郁闷伤悲以外，没有任何实质意义。生命不可能重来，人生根本就没有如果，有的只是后果与结果！而所有的后果与结果，都取决于今天的行动。

因此，当你感觉确立了目标，却没有实现目标的机会时，能创造机会的最好方式是先行动起来，只要和你的目标有一点关系，只要有一线希望，就可以先做。只要行动就一定会产生结果，而这个结果会对周边的人、事、物产生或大或小的影响，于是你就会发现，资源和机会自然而然会开始向你慢慢聚拢。

那么究竟如何将把握当下落实到每一天的行动中？请思考这个问题：你生命中最重要的人、事、时间分别是什么？你可能会想，最重要的人应该是父母、最重要的事情应该是理想……打住！没你想的那么复杂，答案其实很简单，但很多人都没真正明白。如果你真正懂得活在当下，我想你一定不会否认下面的答案：最重要的人——此刻在你身边的人；最重要的事——此刻你正在做的事；最重要的时间——当下。

如果此刻你在上班，毫无疑问，最重要的人就是你的领导、同事、客户，最重要的事情就是如何更好地完成工作、协助领导和同事、服务好客户。如果此刻你下班回家了，最重要的人就是你的家人，最重要的事情就是好好陪伴他们、享受家庭的幸福和温暖。

你也许会问，就这么简单？没错，就这么简单！工作时好好工作，学习时好好学习，休息时好好放松，不浪费生命中的每一分钟，就是真正地活在当下。

幸福人生的第四个密码——全力以赴

看准目标，该出手时就出手，拿出最大的热忱与行动力，而不是患得患失，评估所谓是否值得。要知道，当你犹豫时，别人可能已经将机会一抢而光。

某杂志对60岁以上的老人进行抽样调查，调查内容是“你这辈子最后悔什么”，结果显示：

75%的人后悔年轻时努力不够，导致一事无成。

70%的人后悔在年轻的时候选错了职业。

62%的人后悔对子女教育不当。

57%的人后悔没有好好珍惜自己的伴侣。

49%的人后悔没有善待自己的身体。

有句话叫“心有余而力不足”，对于那75%的老年人而言，我想这应该是他们最恰当的心境写照吧。

努力不够也许有很多原因，但什么是真正的足够努力呢？我经常听到有人说："我已经尽力了。"注意，当你说这句话时，最好先反思一下自己：我真的尽了最大的努力了吗？换句话说，我真的全力以赴了吗？要知道，尽力而为和全力以赴其结果可有着天壤之别。

尽力而为者，首先就对自己信心不足，而信心不足必然会影响能力发挥，更谈不上激发潜能了。而全力以赴者，则拥有足够的自信和激情，这样一来，不光能顺利发挥所长，甚至很有可能激发出意想不到的潜能来。

有一天，一位女士上街购物，把四岁的孩子单独留在家中。返回时，这位女士在住宅楼附近碰到了熟人，就停下来说话。突然，她发现自己家中的窗子开着，孩子爬到窗台上正向她招手。她还来不及惊叫，孩子已经失足掉了下来。她丢下手中的东西，不顾一切地向孩子狂奔，当时她穿的是筒状裙子和高跟鞋。但就在孩子快落地的一瞬间，她接住了孩子。

这是一种怎样的神奇力量，也许科学无法解释，唯一可以解释的是，出于母亲对孩子的爱。在这千钧一发的时刻，至爱亲情唤出了她超人的力量，调动和激发出了她的潜能！

我们身上蕴藏着巨大的潜力和能力。这些潜能足以使我们的理想变成现实。只要我们不懈地挖掘自己的潜能，运用自己的潜能，为实现理想付出努力，我们就能够做好想做的一切，就能够成为自己生命的主宰。

公元前207年，项羽的起义军与秦将章邯率领的秦军主力部队在巨鹿（位于今河北邢台市）展开大战；项羽不畏强敌，引兵渡漳水（由巨鹿东北流向东南的一条河）。渡河后，项羽命令全军把船全部凿沉，砸碎做饭用的器具，焚烧营寨，每个人带着够吃三天的粮食上战场。

巨鹿一战，项羽大破秦军，威震诸侯。

可想而知，在那样的状态下，兵士们心中一定没有任何杂念，他们唯一的想法就是必须做到、一定要做到、一定能做到、没有任何退路！而很多人之所以没能达成自己的目标，其实就是缺乏这种破釜沉舟、背水一战的勇气和必胜的信念。

相传春秋战国时代，有一位父亲和他的儿子一起出征。父亲是将军，儿子是马前卒。即将上战场的时候，父亲庄严地托起一个箭囊，其中插着一支箭。父亲郑重对儿子说："这是家传宝箭，佩戴在身边，力量无穷，但千万不可抽出来。"

那是一个极其精美的箭囊，用厚牛皮制成，镶着幽幽泛光的铜边，露出的箭尾是用上等的孔雀羽毛制成的。儿子喜上眉梢。

果然，佩戴着宝箭的儿子英勇非凡，所向披靡。儿子难掩得胜的兴奋，强烈的欲望驱使他抽出宝箭。结果他惊呆了，原来箭囊里只是一支断箭，一支折断的箭！

儿子吓出了一身冷汗，仿佛顷刻间失去支柱的房子，意志轰然坍塌。

结果不言自明，儿子随后惨死于乱军之中。硝烟过后，父亲捡起那支断箭，无奈叹道："不相信自己的意志，永远也做不成将军。"

其实，自己才是一支箭，若要它坚韧，若要它锋利，若要它百步穿杨、百发百中，磨砺它、拯救它的只能是自己。因此，相信自己、掌握命运是达成全力以赴境界的第一要诀。

在培训行业，像我这样的培训师都有可能会碰到一种非常紧急的情况，那就是临时救场。说白了，就是因为各种原因，原来预定的讲师无法按时授课，主办机构不得不临时找一位老师去替补救场，所以，临时找的老师根本没有时间进行详细的备课与准备工作。这时，考验的就不仅是一个老师的专业功底，更多的是考验其心理素质。

2009年我就碰到过一次这样的情况，上课前一天中午我才接到通知要去西北的一座城市讲课，下午就马不停蹄地赶过去，到了那里已经晚上7点多了。买了袋面包填饱肚子，就一头扎进了紧张的备课中。

虽然那个课题和我的研究方向有一定的关联性，但我确实从来没讲过，所以，PPT 都得从头开始一张张撰写。从晚上 7 点多一直忙到第二天早上 7 点半，整整 12 个小时，除了上洗手间和喝水，就一直坐在书桌前没有动过，最终整理完成了 100 来张 PPT 课件。此时已经没有时间回过头去熟悉 PPT 了，洗把脸，吃点早餐，8 点半就开始讲课了。

7 个小时的课程站着讲下来，我自己都没想到效果出人意料地好，课程上下衔接流畅自然，没有人看出我是第一次讲这个课程，对内容其实还并不太熟悉。我甚至没有感觉到一夜未睡的困意，一直精神抖擞。直到课程结束去吃晚餐时，一坐下来才发现脚是酸痛的，脑袋是晕晕乎乎的，眼睛都快睁不开了。我仔细回顾了一下，竟然都记不清自己在每张 PPT 上是如何具体展开的，只记得好像展开得很好，完全没有照本宣科，当时自己的大脑似乎处于一种异常紧张地高速运转状态。

现在想起来，大概只能用一个词语来解释，那就是我当时已经彻底“忘我”了，忘记了疲劳，忘记了自己不熟悉课程，而把脑海里储备的信息全部积极地调动和利用起来。再后来我逐步发现一个有意思的经验，那就是如果我讲课 10 分钟内没出汗，那就说明我还没有完全达到“忘我”的境界。现在，我讲课出汗的频率是越来越高了。

忘我是走向成功的一条捷径，只有在这种环境中，人才会超

越自身束缚，释放出最大的能量。因此，忘我投入，激发潜能，是达成全力以赴境界的第二要诀。

请记住，漫漫人生路，自己就是一座宝藏，拥有无穷的能量，而能打开这座宝库大门的钥匙，只有四个字——全力以赴。

美国励志电影《面对巨人》讲述了美式足球教练泰勒如何重拾信心与勇气，并用信仰击败恐惧的故事。

泰勒在六年教练生涯中，从未在赛季中获胜。为了帮助自己，也帮助球队重拾勇气与信心，他要求最优秀的队员布洛克进行了一个名为“死亡爬行”的活动。在这个过程中，泰勒喊了13次“对了！就是这样”，15次“加油！”23次“别放弃！”3次“不要停！”48次“继续！”一个美式足球场的长度是110米，布洛克背着一个160磅（144斤）的人走完了全程。

这个片段我每看一次都会被震撼和感动一次。回顾自己的成长历程，至今我还清晰地记得2005年第一次在公众场合进行商业演讲的情形。那是公司的一个连锁加盟项目的招商会，现场有上百位中小投资者，本来安排了我的上司去演讲，结果他临时有事抽不开身，但招商广告已经打出去了，场地也已经预定好了。老总临时决定让我讲，当时离招商会召开只剩下两天的时间。说真的，一开始我也很担心，害怕自己讲不好搞砸了，浪费了公司的资源与投入，但老总已经决定了，我没有办法，只好硬着头皮应了下来。接下来，我不断给自己做心理建设，告诉自己这是一次机会，如果成功了我的职业生涯就能迈上一个新台阶。

两天的时间，我完全投入到课程准备当中，修订课件、撰写讲稿、预演试讲，把自己关起来反复演练。招商会前一晚，我又请了公司同事充当观众，完整地讲了一次。到最后上台时，望着台下一双双带着质疑和期待的眼睛，我在心里告诉自己，这一次，只能成功不能失败。于是，我忘掉了一切，我的脑海中，只剩下演讲、演讲、演讲。最后演讲结束时，同事悄悄对我说："真没想到，你能讲得这么好！"我终于松了一口气，事实上，一开始我自己也没想到结果会是这样。

也许有人会说，自己真的全力以赴了，但还是没有实现目标，岂不是更痛苦？应该承认，人与人之间是有差别的，同样的努力，并不一定能换来同样的结果，这是客观规律。我想说的是，如果你真的经历过，就会发现，那种痛苦其实完全可以有另外一种解读。

别忘了，还有两个词，一个是"后悔"，一个是"遗憾"。如果你从来没有做过，最后你想做却已经来不及了，就会感到后悔；如果你全力以赴地行动过了、奋斗过了但依然没有做成，就会感到遗憾。

月亮也有阴晴圆缺，没有人的人生能完美无缺，但至少在扪心自问时，是无愧于自己的。所谓"谋事在人，成事在天"，说的就是这个道理。不用强求结果，遗憾也是一种别样的美，至少拥有了丰富的过程。对目标全力以赴，不要到老了才后悔。在年轻时，趁着自己还有心有力，抓紧时间，为自己的梦想，真正全力以赴地去奋斗一场、燃烧一回吧！

人生就像一个括号，左括号代表的是出生，右括号代表的是死亡，人生的过程就是一个填括号的过程。是让自己的人生括号里丰富多彩，还是干瘪暗淡，完全都由自己来决定。

从出生开始，我们就坐上了生命列车，开始一生的旅行，不知道什么时候会突然到站。既然长度无法控制，那就不妨给人生之旅增加一些厚度吧，至少，能够活出点价值来。

人生，不在于走了多久，而在于思考了多久；行动且思考，生命才有厚积薄发的可能。

知名实业家张謇曾说，“天之生人也，与草木无异。若遗留一二有用事业，与草木同生，即不与草木同腐。”

电视剧《士兵突击》中有一段经典台词：“人要好好活，什么是好好活？好好活就是做有意义的事！什么是有意义的事？有意义的事就是好好活！”

是的，人生的幸福八卦中精神、身体、智力、事业、财物、家庭、社会、兴趣，无论哪一卦都是我们自身价值的体现，无论是于人于己，抑或于社会，都不失为好好活着的体现。

明确目标，量力而行，把握当下，全力以赴——掌握了这四个密码，也就掌握了打开人生幸福之门的钥匙，掌握了快速成长与成功的捷径，就能修炼一个平衡圆满的幸福人生！

3

第三章

知道你为什么工作——品牌比薪水更重要

假如你认为工作只是为了赚钱养家，那的确贬低了工作的价值。事实上，工作不只是为了赚钱，更重要的意义在于，从工作中可以得到自我肯定与生活的乐趣。

工作虽然不是我们生活的全部，但是幸福生活一定来源于稳定的、积极向上的、有意义的、快乐的工作，你付出了自己的“剩余价值”，就要想办法经营工作，从工作中得到更多无形薪酬的回报。

你为谁工作

小李出生在农村，只接受过短暂的学校教育。18 岁那年，他就到一个砖厂打工。然而，雄心壮志的小李无时无刻不在寻找着发展的机遇。三年后，他来到县城最大建筑公司的某个建筑工地打工。

一踏进建筑工地，小李就抱定了要做最优秀员工的决心。当其他人在抱怨工作辛苦、薪水低而怠工的时候，小李却勤奋工作，默默积累着经验，并开始自学建筑知识。

一天晚上，同伴们在闲聊，唯独小李躲在角落里看书。恰巧公司经理到工地检查，经理看了看小李手中的书，又翻了翻他的笔记本，什么也没说就走了。第二天，公司经理把小李叫到办公室，问："你学那些东西干什么？"小李说："我想我们公司并不缺少打工的人，缺少的是既有工作经验又有专业知识的技术人员或管理者。"经理点了点头。不久，小李就被升为工长。

有人讽刺、挖苦小李，他并不在意，而是回答道："我不光是在为老板打工，更不单纯是为了赚钱，我是在为自己的梦想打工，为自己的远大前途打工。我要提升自己，我要使自己的工作产生的价值远远超过所得的薪水。只有这样，才能得到重用，才能获得机遇!”抱着这样的信念，小李不断地努力，一步步升到了总工程师的职位。25 岁那年，小李成了这家建筑公司的总经理。

秉承着“为自己工作”的小李，通过不断地付出与积累，最终成就了自己人生的新高度。那么你是在为谁工作呢？为老板、为父母、还是为自己？其实，每个人的一生至少都经营着一家公司，这家公司的老板是自己，公司的名字叫“人生有限公司”，公司开张日期是你开始工作那一天，营业执照就是你的毕业证书，唯一经营的业务是——幸福。所以，毫无疑问，你是在为自己工作!

为什么这家公司叫做“人生有限公司”？很简单，因为你的生命、健康是有限的。

为什么开张日期是开始工作那天？也许有人说应该是出生那天，可是谁一出生就可以工作自己养活自己？所以在过去很多年的时间中，你都要依靠父母来生存，你的公司还没有开张，正处于筹备期。为什么营业执照是毕业证书？因为你为这家公司做出的最重要的筹备事项是学习。从你出生第一天起，就在不断学习，还被专门送到学校去接受更系统的教育，提升智慧跟能力，以便等到公司开张后，可以把它经营得更好一点。终于，你毕业了，学得差不多了，可以逐步脱离父母自主经营了，所以，从这个意义上说，毕业证书确实就是营业执照。

为什么唯一经营的业务是幸福？工作不是生活的全部，但别忘了，生活始终离不开工作，因为工作是保障与创造生活的关键途径。而生活的最终目的，就是为了追求幸福的体验与感觉。所以，你的人生最后幸或不幸，都取决于你自己有没有用心经营，有没有用心对待你的工作。

老板本来是该创业的，可惜，很多人学习筹备了那么多年，终于熬到有朝一日毕业了，自己的公司开张了，却一夜之间把自己从“创业者”变成“打工者”，这难道不是人生最大的悲哀么！要知道，打工者，打的只是一份也许随时会变的“工”，而创业者，创的则是自己永续幸福生活的“业”！

因此，认清现实，为自己工作，为自己未来的幸福大业工作，是每个成熟职业人的必然选择。

踏实工作，让回报最大化

来自台湾的薛佳玲 1989 年在美国获得酒店管理硕士学位时，并没有想到自己会在消费电子行业中闪耀光芒。现在，“薛佳玲”三个字在这个行业里可是响当当的，在她自己看来，个人品牌不仅仅是一种知名度，“应该是个人很多素质累积起来的，包括优势、能力、经验和工作风格。”

薛佳玲认为，在职场上建立独特的品牌，首先要明确自己的优势所在。她的优势是在数字方面，恰好所有经营和业绩最终都反映在数字里，她的特长就是分析数字，从中看到问题和机会。这也是她在不同的行业里面都受到老板器重的一个原因。

她的这种能力是在学生时代的一份兼职中培养起来的，在美国读硕士的两年间，每天晚上薛佳玲都在希尔顿酒店做夜间核数师，从晚上11点到早上7点，要把酒店的结账情况整理好交给财务，这份工作让她发觉自己对数字非常敏感，并意识到这会帮助她在毕业后走上更广阔的道路。

她的表现吸引了希尔顿集团的注意，从而进入了希尔顿财务部。六年后当她离开美国时，已经成了一家上市公司的财务长。回首这一段职业生涯，薛佳玲认为，财务工作让她得以施展所长，并培养了她严谨缜密的作风和尽职尽责的态度，使她获益良多。

回台湾后，薛佳玲进入安达信顾问公司，成为一名负责消费产品专案的管理顾问。这次更换职业跑道，她完全以新人的姿态进入了管理顾问界。她依然保持着原先的工作风格，但是更加努力。她深知，要在陌生的环境中获得别人的认可，只有让能力说话。很快，她与众不同的风格和突出的业绩赢得了同行的尊重和老板的赏识，两年内获得了两次提升，并在台湾的管理顾问界创下了很高的个人知名度。只要是她负责的案子，不管规模大小，一定要做到最好，因而她让别人觉得是值得信任的。

在做管理顾问的两年多时间里，薛佳玲有一半的时间是在和飞利浦的消费电子产品打交道。她的个人品牌跟飞利浦的企业文化也很合拍，正是这种“合拍”，为她创造了职业生涯中最重要的机遇。听完她为飞利浦视听部做的策划报告后，飞利浦电子台湾地区总裁柯慈雷（现任飞利浦电子全球 CEO）对她说：“这是我接触的管理顾问中最完美的策划。”随后当视听部原总经理离职，柯慈雷直接把电话打给了薛佳玲，邀请她任职。

在工作中，薛佳玲发现了自身的优势，通过不断的历练提升自己的能力、磨炼自己的心智，实现并挑战了自我，通过人脉积累赢得了新的发展机会，最终通过结果赢得了尊重、成就了闪亮的个人品牌，为自己的人生奠定了坚实的厚度。在薛佳玲的身上，我们能清晰地看到，正是工作这个平台成就了她，而她也用自己的远见与努力，获得了远超一般职业人的回报。

很多人经常抱怨干得多但拿得少，创造的剩余价值被公司、老板给拿走了。其实大可不必这样想，道理很简单，换一个工作你能保证不被拿走剩余价值吗？事实上，“天下乌鸦一般黑”，只要你在工作，到哪里都要创造剩余价值，如果有一天你不能为公司创造剩余价值了，那么对不起，你下岗的时候也到了，因为每个公司的生存与发展，都必须依靠员工共同创造价值。否则，公司倒了，你的饭碗自然也就砸了。

既然剩余价值是一个普遍存在的经济规律与现象，无可避免，不妨换一个角度来思考：我在工作中经营的是自己的人生幸福，既然付出了剩余价值，如果能争取尽量多收获一些回报，那人生不就赢利更多、发展更好吗？

有一个年轻人，刚参加工作不久，干得很不顺心，觉得薪水少，于是他找一个年龄比较大的朋友倾诉，说自己很恨这个公司和老板，想跳槽来报复老板。

朋友听了就对他说："你想跳槽可以啊，但是现在不是时机，因为你现在也没做出什么成绩，即使现在走了老板也不会心痛和后悔，对老板也没有什么损失。所以我建议你，先努力工作，多开发点大客户，多做出点业绩，到那时候再跳槽，把客户都带走，老板肯定非常后悔，对公司的损失也会很大，这样你不就达到报复老板的目的了吗？"

年轻人一听觉得有道理，于是暂时不考虑跳槽的事情了，一心一意地投入到工作中去。半年以后，当他再碰到这个朋友的时候，朋友就问："你不是要跳槽吗，现在时机应该已经成熟了吧？"谁知年轻人却微笑着说："我现在不想跳槽了，因为我这半年来业绩出色，能力也得到很大提升，老板已经给我加了薪水，而且现在公司正准备成立一个新部门，部门经理就是我。"

从很不顺心到升职加薪，环境没变，变的是自己的心态。心态改变，工作的回报自然也会随之改变。反之，即使他不跳槽，恐怕老板也会主动炒他鱿鱼了。

工作带给我们的回报到底有哪些呢？很多人首先想到的是钱，包括薪水、福利等。但钱的回报总是有限的，除了钱，工作带给我们的回报还有哪些？这是你必须要深入思考的问题。

事实上，你的人生公司开张以后，你有两个回报：一个是所有人都看得到的“有形的薪水”，它可以用钱来衡量；还有一个是“无形的薪酬”，无法用钱衡量，但它比钱更值钱，甚至有钱也买不到。比如在工作中，你交了一个知心的朋友，你的能力提升了，你觉得值多少钱？用钱能买到吗？

无形的薪酬都包括哪些？具体来说，你从工作中可以获得的无形薪酬主要包括五大回报：自我实现、人脉积累、技能提升、心智历练、品牌打造。

可惜的是，并不是所有人都能看到“无形的薪酬”，那些目光短浅的人，那些动不动就为了三五百元薪水跳槽的人，往往只看到有形的薪水，他们认为薪水是衡量回报的唯一指标。只有目光长远的人，才能看到宝贵的无形薪酬，并为此而努力，以便让自己的回报最大化。

金钱以外的第一个工作动力——自我实现

马斯洛说过，人类最高级的需求是自我实现需求，这也是人区别于动物的根本差异所在，而这个需求只有在工作中才可以被满足。当你攻克一个难关的时候，解决一个问题的时候，当你的客户和上司肯定你的时候，你会感受到自身的价值，感受到自己被人需要，并因此而带来成就感、满足感、快乐感和充实感。

英国《太阳报》曾以“什么样的人最快乐”为题，举办了一次有奖征答活动，从应征的八万多封来信中评出四个最佳答案：

· 作品刚刚完成，吹着口哨欣赏自己作品的艺术家。

· 正在用沙子修筑城堡的儿童。

· 为婴儿洗澡的母亲。

· 千辛万苦开刀后，终于挽救了危重病人的外科医生。

毫无疑问，这四个答案都与劳动和付出有关。艺术家享受到了创作的快乐，儿童享受到了动手的快乐，母亲享受到了付出爱的快乐，医生享受到了挽救生命的快乐。付出你的智慧与爱心，创造价值，就是最快乐的人！

假如你认为工作只是为了赚钱养家，那的确贬低了工作的价值。事实上，工作不只是为了赚钱，更重要的意义在于，从工作中可以得到自我肯定与生活的乐趣。

为什么很多老年人一旦退休以后就老得非常快，不是因为身体真的老了，只是因为他的精神状态发生了变化，以前在岗时是被人需要的，是有价值的，退休以后突然无事可做，心灵没有了寄托，似乎变成了一个废人，这种心理的落差马上就会让人有衰老的感觉。退休前位置越高，退休后落差越大，可能老得也越快。所以为什么很多老年人特别喜欢给下一代带孩子，也是这个道理，找点事情做，找点心理寄托。

今天能看到明天、后天甚至最后终点的人生，你要吗？我想很多人是不要的。人生，不就是因为还有所期待、偶有意外甚至奇迹而变得更精彩么？

金钱以外的第二个工作动力——人脉积累

2006年7月，卢克买的彩票中了约137万英镑（约合人民币

1381万元）奖金。当时，23岁的卢克和29岁的未婚妻埃玛·考克斯在英国卡迪夫市庞普雷诺一家麦当劳餐厅工作。

中奖后，两人继续在麦当劳工作了一段时间，但最终脱下工作服，于2007年9月买下一幢价格23万英镑（231万元）的房子，开始享受人生。两人还在卡迪夫市的希尔顿酒店举办了一场盛大婚礼，并到地中海加那利群岛度假。

不过，在卢克看来，当百万富翁的乐趣也不过如此。他对英国广播公司（BBC）记者说："说实话，有钱也就那么回事。"中奖21个月后，当百万富翁的新鲜感消失后，卢克重新穿上工作服，回到中奖前工作的麦当劳餐厅制作汉堡包。

重返工作岗位后，卢克每天黎明就起床，去餐馆上早班。"餐馆里有那么多熟悉面孔，我感觉就像回到了老朋友身边，"他说，"我还年轻，勤奋工作没什么坏处。"

卢克每小时的工资是5.85英镑（约合59元），每周的工资还不如存款的利息多。麦当劳餐厅经理凯瑟林·琼斯说："卢克是我们团队里很棒的一员，当他中奖时，我们都为他高兴。"

卢克的妻子也支持他回餐厅工作。"我完全理解他，"她说，"我们两人都很享受在麦当劳的工作时光，在餐厅里有很多好朋友。"

在常人看来，中了百万英镑彩票奖金的卢克可以尽情享受财富，不用再辛苦工作。然而这位百万富翁却因为想念同伴、朋友，重新回到了麦当劳餐厅，与昔日的工作伙伴一起制作汉堡包。

当然，人脉除了给我们带来友情的温暖，还有更多的现实意义与价值。很多人经常感叹，我们的人生需要机会，需要贵人相助，贵人从哪里来？就从人脉积累中产生，而职场恰恰是一个人脉积累的平台，这是一个比家庭、校园要宽广得多的人脉聚集地。

"人"字本身就是由一撇一捺互相依靠、互相扶持而组成的。有首歌唱到"朋友多了路好走"，确实，人脉决定财富，人脉决定成败。美国第26任总统西奥多·罗斯福曾说过："成功的第一要素是懂得如何搞好人际关系。"美国斯坦福研究中心曾经发表过一份调查报告，结论指出：一个人赚的钱，12.5%来自知识，87.5%来自关系。在好莱坞，流行一句话："一个人能否成功，不在于你知道什么，而在于你认识谁。"

2009年9月，李开复辞去谷歌中国总裁职务，开始自己创业。他计划募集八亿元人民币用于创新工厂的第一个五年周期。当记者询问融资情况时，李开复表示，"我其实只是打了十个电话，其中有七位当即表示愿意投资，就融来两亿元。"

据悉，目前除他个人投资外，首批投资者包括中经合集团、富士康集团、联想控股、新东方、YouTube等，一共募集了九个股东的投资。在合作前，李开复跟柳传志、俞敏洪从来没有单独见过面。

相信以李开复过去的财富积累，要投资运作这么大的事业是不太可能的，但他凭借过去职场多年积累的优质人脉，成功解决了融资问题。可以看出，人脉是一笔潜在的财富，是一种无形的资产。创建有效、丰富的人脉关系，就等于拥有了制胜的法宝、成功的诀窍。人脉存折是你一生取之不尽的财富宝藏。

很多职场新人在人脉关系上是“一穷二白”，刚换工作进入新环境的人的同事关系也可以说是空白，而以前的同事、客户和朋友的关系又不一定对新的工作环境有用，在这种情况下，职场新人应该如何建立自己的人脉呢？

人脉，就是经由人际关系形成的人际脉络。人脉如同金钱一般，也需要管理、储蓄和增值。只要掌握方法，人人都可以成为善于经营人脉的人。

进入微软的第三年，唐骏迎来了职业生涯中最重要的契机。微软总部里大部分员工是美国人。美国人极少和同事交朋友，唐骏决定按自己的风格处理与同事的关系。对于曾经在工作上帮助过他的同事，逢年过节，他都会发邮件表示感谢和祝福。这件事看上去简单，却在人际关系比较淡漠的公司里给别人留下了深刻的印象。

劳丽·罗娜特是一位部门经理，她的团队有一百多人，唐骏的团队只有二十人。两人的团队在工作上有很多合作，劳丽·罗娜特对唐骏的部门给予过相当大的支持。唐骏因此向上级提交了一封表扬信，使她得到了应有的提升。而且，每过一段时间，唐骏都会发邮件问候她。

后来，劳丽·罗娜特一下子从经理变成了普通员工，往日众人簇拥的场面消失得无影无踪，唐骏却还跟以前一样和她交往。再后来，她又一下子升任高级副总监，围着她转的人顿时又多了起来，可唐骏对她的态度还是跟以前一样。

1997年夏，微软决定在上海建立全球第五个技术支持中心，招录总经理的告示发布后，全球有1.8万人报了名，唐骏没有报名应征。由于公司评委们对应聘者都不满意，作为评委之一的劳丽·罗娜特忽然想到并推荐了唐骏。

于是，唐骏顺利从一个普通部门经理成为微软海外机构的总经理。在微软工作的中国人很多，但是抓住这个机会的却只有他。

可以看到，唐骏职业生涯的大幅飞跃，是从1997年那个机会开始的，而这个机会，来源于同事的推荐。所以，唐骏感谢这个生命中的贵人，与此同时，他也感谢自己，因为正是他对人脉的用心经营与维护，帮助他获得了同事的认可与推荐。

人脉从哪里来呢？你可能会说，你现在的工作接触的人不多，或者你的工作压根没什么机会接触外面的人，根本没什么人脉可言。事实上，人脉同时来源于你所在的组织内部和外部。哪怕你的工作很少对外，但内部的同事关系、上下级关系总是有的吧？你的同事、上下级、客户，以及上下游的代理商、经销商等外部各类合作伙伴，都有可能成为你的人脉。

职场是一个巨大的平台，你的岗位所代表的特定角色和身份就像一个磁石，它会自动吸引大量形形色色的人与你产生交集。当你跟这些人打交道时，请记住：每一次交道，甚至是每一个萍水相逢、擦肩而过的瞬间，都是建设和积累人脉的机会。不要以为你只是随便给客户打个电话，随便在跟同事聊天，在这些过程中，一次沟通做好了，你的人脉关系也就更进一步了。

如何开发与管理人脉？唐骏的方法是做人。“我不会根据职位的升与降来决定彼此关系的亲和疏。对他人的关心必须发自内心，这是做人的基础和根本。”这句话，道出了他经营人脉的根本之道。

首先，人际关系的维护，需要的是平常心，而不是功利心。不要因为人家升职了就天天去拍马屁，也不要因为人家失意了就刻意疏离，保持平常心。处处留心皆贵人，三十年河东，三十年河西，人生充满了变数和可能，古语说“士别三日，当刮目相看”，就是这个意思。一时的戴“有色眼镜”看人，很可能就会让一个贵人与你擦肩而过。

其次，人脉需要持续地维护与经营，而这个经营的过程，就是一个不断投入真心、建立真情的过程。唐骏正是通过持续不断的邮件、电话、聚餐等方式，给人留下了深刻的印象，并维持和强化了关系的持久性。试想，一个朋友和你几年不联系，连一条短信、一封电子邮件都没有，几年后和你联系，开口就要借钱，而且还不是小数目，你会借吗？我想，大多数人都是不乐意的，很明显，这样的人没有把你当朋友，最多是把你当成了提款机。

最后，人脉建设需要具备强烈的利他心。很多人讨厌被人利用，认为“被利用”会让别人觉得自己很傻，而且得不到任何好处。但恰恰相反，唐骏是一个非常懂得利他的人。大多数人想的往往都是如何为自己争取机会，于是，给别人的上司写表扬信让别人得到提升，这样的事情可能根本不会想到，但唐骏不光想到而且做到了。自然，当别人因此而得到升迁时，他也会因此记住唐骏。其实，“被利用”至少证明你在别人眼中是有用的，确立自己“被利用”的价值，多给别人利用的机会，是人际关系经营的首要基础。就像银行存款一样，只有先往别人心里存入你的价值与情感，累积到一定程度，才能获取更多的利息与回报。

随着人脉的增加，你可能会发现新的问题，那就是你的精力是有限的，你会发现自己的时间可能不够用。这么多人，到底该怎么高效率地维护呢？所以，你需要像维护客户一样，分门别类地对人际关系进行管理。我们都知道，客户是可以分类的，有VIP大客户、中等客户、小客户，不同的客户类别，维护的频率和方式是不一样的，人脉其实也一样。每个人的一生都需要三种贵人——事业贵人、心智贵人、生活贵人。

事业贵人能够非常直接地在工作与事业发展中起到促进作用，给你学习的机会、锻炼的机会、升职加薪的机会甚至创业的机会。

心智贵人对你的事业可能没有直接帮助，但对你的人生有着巨大的影响，他能够让你的心智变得越来越成熟，从而少走一点弯路。他们就像你的人生导师，当你困惑、迷茫、纠结时，他们的一句话可能会让你拨云见日、茅塞顿开，“听君一席话，胜读十年书”说的就是这种人。需要注意的是，心智贵人通常跟你有“代沟”，也就是年龄差距。试想，如果他们不是比你经历更多、尝试更多、失败和成功更多，怎么可能会有足够的教训与经验来分享？可惜，很多人年轻时往往不太喜欢跟“上代人”交朋友，理由是有“代沟”“没共同语言”。很多人对朋友的选择是以所谓的“投缘、志同道合”为标准，这样一来，就失去了很多汲取宝贵经验和教训的机会，失去了很多少走弯路、加快成长的机会。

生活贵人对你的事业发展与内心成熟也许都没有直接的帮助，但同样不可或缺。比如今天你觉得很痛苦，想找人倾诉，想找人喝酒发泄，想去K歌疯狂一下，找谁合适呢？毫无疑问，事业贵人和心智贵人都无法陪伴你，只能去找生活贵人。这种人可以分担和分享你生命中的喜怒哀乐，可以充当你的回收站和垃圾筒，你可以在他们面前展现最真实的自我，不用担心出丑丢脸、不成熟、不稳重。如果你的人生中没有这样的人，一定会感到孤独。

这三种人脉，维护的方式是不同的。

维护事业贵人最好的方式，恰恰就在事业中，为别人提供更多“利用”你的机会，而不是一味溜须拍马、阿谀奉承。比如你要跟同事搞好关系，最有效的方式不是下班后一起去吃饭喝酒谈心，而是当你跟他共事的时候，帮助他、支持他，当你跟他交流的时候，尊重他、理解他、包容他，成就他的工作与事业，这样一来，你在他的眼中，就具备了“利用价值”，这是一个基本的前提。当然，如果能在生活中再强化一下彼此的交流与交情，那就更好了。

心智贵人的维护，侧重的是思想和精神层面的深度交流，我的建议是，年轻的你其实只要扮演好一个角色——记者就可以。没错，敞开心扉，不耻下问，学会聆听，听他们讲讲过去的故事，竖起耳朵两手托腮更好。通常心智贵人都是很乐意去分享自己过往的人生体验和感受，解答你的困惑与疑虑的。

生活贵人只需要偶尔在一起聊聊家长里短、吃喝玩乐、“腐败腐败”，总之，在生活中一起经历、分享和关爱就足够。

看到这里，你也许要担心，不是说要保持平常心吗，这样是不是太功利？其实，两者并不矛盾。“同流合污”这个词经常被认为是贬义词，但仔细一想，它也有一定的正面道理。“同流”是过程，“合污”是结果。人和人之间，首先一定是从“同流”开始，寻求到合适的共同交流点，进而在交流中付出平常心与真心，交心到一定程度，逐步就有了交情，交情积累到一定深度，交易自然就变得水到渠成。这就是所谓的“无心插柳柳成荫”。

假如今天有两个人站在你面前，一个是多年的老朋友，一个是刚认识的新朋友，他们都需要你同样的帮助，如果只能帮一个，你会帮谁？相信绝大多数人都会选择先帮老朋友。原因很简单，既然都是帮，帮生不如帮熟。这就是从交情到交易的本质，就像你为自己的亲人付出，会觉得是理所当然、非常自然的事情。所以，建立你与他人之间的交情，才是你要做的，至于交易，顺其自然就好了，到了那个份上，人家自然会愿意帮你，甚至盛情难却主动要帮你。

几年前，西安某四星级酒店来了两位外籍游客，是一对老夫妻。据说在来这家酒店以前，他们已经更换了好几家五星级酒店，因为他们对那些酒店的服务都不太满意。

为了服务好这对挑剔的客人，酒店总经理特意安排了行李生小王为其提供一对一贴身服务。小王文化水平不高，只是个普通的行李生，但他在酒店服务多年，经验丰富，是个忠厚老实的人。

果然，从小王接手后，这对老夫妻再也没换过酒店，甚至连眉头都没皱过一次。一个月过后，老夫妻结束旅游要回国了，他们恋恋不舍，拿了一包小费给小王，让他一定收下，但小王无论如何也不肯收，不善言辞的他只说："你们来到我们酒店，这里就是你们的家，招待好家人，是我应该做的。"最后实在盛情难却，他收下了老夫妻的一个高尔夫球留作纪念。

三年后，酒店收到了一封英文律师信，总经理高度紧张和重视，结果发现是封遗产交接的律师通知函，三年前的那对老夫妻委托律师把他们所有的遗产转交给小王，因为他们没有子女，一致决定把遗产托付给一个可靠的、值得信任的人，环游世界这么多年，他们认为，小王是最合适的人选。

事情传开后，很多同事愤愤不平，有的说小王一夜暴富，简直是天上掉馅饼，有的抱怨当初老总为什么不派自己去给那对老夫妻服务。最后还是总经理一句话平息了风波，他说："你们在抱怨没有机会、命运不公的时候，是否想过小王为什么能得到这个机会？很简单，当初我选中他，是因为他过去的表现证明，他确实是我们酒店最可靠的、最值得信赖的服务人员。"

小王并不是第一个接触到这个机会的人，在他前面，有好几家五星级酒店，他们的服务人员都有可能得到这个机会，但最后因为他们自己没做好准备，没有满足顾客的需求，到手的机会最终擦肩而过。

小王的能力也许不是最强的，也不是最会说话的，但他用发自内心的真诚服务，打动了客户，最后成功地得到了这个虽在意料之外，却也在情理之中的宝贵机会。

机会不会无缘无故地从天上掉下来，就像世界上不会有无缘无辜的爱与恨，每一个机会的背后，都是因为前面有"因"的存在，这就是人脉建设中的"因果关系"。人脉就像飞机的机翼，一方面加速你的飞行，另一方面，当你飞得越来越高时，帮助你保持平衡。如果平衡不好，飞得越高，摔得也越惨。你的人生中三类贵人都有吗？记住，立足内部人脉，扩展外部人脉，人脉经营，从你的通讯录分类开始，马上行动吧！

金钱以外的第三个工作动力——技能提升

学校的知识在工作中究竟能用多少？仔细思量，你可能就会发现，除非你的工作属于对口专业，否则比例实在小得可怜，甚至是零也很正常。

我们的学校教育更多提供的是理论性知识，一方面，理论知识要转化为实际技能需要实践动手的过程；另一方面，知识也需要不断地与时俱进更新换代。而这样的机会，在学校里、家庭中是很少的。

因此，只有在工作中，你的技能才会得到全面的实践锻炼和提升，包括你的知识、技术、能力、经验、教训等。

狮子是动物世界中的强者，但小狮子没有长大以前，同样只能靠妈妈喂食，然后从捕捉小兔子、小羊等小动物开始，最后才是捕捉野猪等大型动物。人也一样，小孩学走路，一定是从爬开始，然后一步步慢走，再到快走，最后到奔跑。饭要一口一口吃，脑袋要一点一点充实，职场发展的路，也得一步一步走，才能走稳走踏实。

刘川风是无薪求职的一员，他的目标是做一名出色的销售人员。在人才市场转了一圈后，他的目光停在成都威特电喷有限公司。尽管销售主管一职的要求与他的专业并不符合，但刘川风认为自己有能力胜任这个工作，因此他只要求有个工作机会，不要求薪水有多高。

自荐书很快递到该公司招聘负责人张武手中，“这样的学生很务实”，张武随即作出评价。现在用人单位希望招到的是马上能用的人，对于新手，公司还需要花一定的资本和时间来培训。刘川风能够作出这样的决定，说明他的心态非常端正，想先通过展示自己的能力再来获得回报。同等条件下，公司肯定会优先选择刘川风。

不求薪水，就是对薪水不提任何要求，只要用工单位能给自己一个工作机会，就有展示能力、提升能力的舞台。

每个人一生都有两个袋子相随，这两个袋子究竟在哪里，它们之间有什么关系？伸出手来往自己身上摸一摸，感受一下。先摸到的是脑袋，再往下摸，摸到的是口袋。脑袋在上，口袋在下，没有人的口袋放到了脑袋上去吧？这就说明先有脑袋后有口袋，脑袋永远比口袋重要。有了脑袋的充实和提升，才可能会有口袋的充实和饱满。所以，那些找工作只奔着口袋去的人，是典型的本末倒置。

王文良是北京大学毕业生。他工作两年后从政府机关辞职，来到顶新国际集团当了一名食用油推销员。他曾经一天进过87家餐馆推销，有过连续32次被拒绝的失败记录，9个月后，王文良被提拔为科长，没过多久，就成了顶新国际集团中国七大区销售经理。之后，又先后担任多家跨国集团的销售总监。

后来，王文良写了一本《北大毕业等于零》，他并不是全盘否定学校的教育，他只是用自己的职业经历告诉我们，在社会这个大熔炉、大考场里，无论你是金字招牌、钻石招牌，还是萝卜招牌、白菜招牌，在走向社会的一刹那都已经清零了，那些只能代表过去，不能代表未来。因为学校的名气并不是你的名气，只有端正空杯心态，从零干起，发奋努力，才能换来美好的明天。

名校出身的人不要见了人就趾高气扬，高处不胜寒，那样你会成为别人心中的靶子，别人会对你有更高的要求。如果你干得好，他们会说：到底是名牌大学毕业的，有水平！如果你干得不好，他们会说：什么××大学毕业，还不是草包一个！

非名校毕业的人也不要见了人就垂头丧气，因为毕竟毕业于名牌大学的只是少数，你还有很大的群众基础，对你的要求与名校毕业生也不一样，你稍微干好了，别人就会说：啊，这孩子有能力，文凭低，水平高！你干不好，别人也只是摇头：到底是师出无名，别难为他了，还是另请高明吧！

学历不等于能力，文凭不等于水平，对于刚毕业的年轻朋友而言，文凭充其量不过是张火车票，大家拿着这张票，一起登上了找工作的火车，开往求职的地方。名牌大学毕业的是软卧，其他本科毕业的是硬卧，专科毕业的是硬座，民办学校毕业的是站票，成教网教和其他学校毕业的只能在厕所挤着。火车一到站，车票就过期了。因为当大家都下了车去找工作时，才发现老板并不太关心你是怎么来的，他们只关心你会干什么，能给企业带来什么价值。

既然文凭只是过去式，那么如何在现有的工作中迅速提升自己的技能呢？

龟兔赛跑的故事我们每个人都不陌生，我们很小就被告知，只有稳扎稳打才能胜利，自大偷懒只会失败，所以兔子虽然具有跑步的先天优势还是输了比赛。在现实中，职场竞争的状况往往是你不是兔子，别人也不是乌龟，换句话说，大多数人在智商等基本条件上都是差不多的，在这种情况下，比别人成长和发展更快的唯一办法就是——赢在别人休息时。

首先，需要调整的是心态——八小时内求生存，八小时外求发展。工作以内的八小时，只能保障你在竞争状态下的基本生存不掉队；工作以外的八小时，才能决定你能否比别人发展得更好。当别人像兔子一样在睡觉休息享受的时候，你可以选择像乌龟一样继续前进学习成长，只有这样才能够慢慢爬到人家前面去，这就是所谓的笨鸟先飞。否则，你和别人智商差不多、条件差不多、付出的努力也差不多，凭什么就能比别人发展好？所以当我们智商比不过别人的时候，那就比勤奋。

其次，需要掌握成人快速学习的“三读”，即：读书、读事、读人。

第一读是“读书”。

1943 年冬，李嘉诚的父亲病逝，14 岁的李嘉诚被迫离开学校开始打工，挑起赡养母亲、抚育弟妹的重担，但李嘉诚没有放弃对知识的追求，他白天做事，晚上读书，经济困难，就买旧书来自学，把学完的旧书拿到旧书店去卖，再买新的旧书，以便节省钱。

李嘉诚认为没有知识就成不了大业，他每天工作都在 15 个小时以上。回到家后，还要借着油灯苦读到深夜，有时经常会忘记了时间，想到睡觉时，已到了上班的时间。在学习知识方面，他有着顽强的毅力，坚持学习工作两不误。他说自己的成功依靠知识，知识决定命运。

创业成功后，每天早上，李嘉诚到办公室的第一件事就是翻阅秘书准备的当天报纸。别人需要花半天才能看完的一大沓报纸，李嘉诚只要半个小时就能看完了。

很多人感到很惊讶，就问他看报纸的秘诀。李嘉诚告诉他们："我看报纸通常只浏览标题，不会一条一条去读内容。"李嘉诚认为，如果所有报纸都从头看到尾的话，太浪费时间了。所以就养成看标题的习惯，这样才能留出更多的时间思考。

从李嘉诚的身上，我们可以看到读书对于成功的重要性，也能看到读书同样也需要技巧。职业人士的时间往往是有限的，也许每天能抽出三十分钟到一个小时就已经非常不错了，如何用有限的时间读更多有用的书，这需要选择的智慧。我的建议是，可以采用"一加一"读书法。"一加一"是指一个月最少应该读两本书，一本和工作专业相关，一本则无关；"一加一"还意味着在选择书籍时，无论和工作专业相关还是无关，都可以按照一本经典书、一本流行书的原则来选择。

为什么首先要考虑与专业有关还是无关？因为读书首先是为工作服务，弥补工作中的专业知识技能不足，所以需要一本和工作对口的专业书籍，帮助打下坚实的专业基本功；和工作无直接关联的非专业书籍则提升的是你的综合素质，能开阔思维和视野，在不知不觉中提升气质内涵，增强魅力与影响力。这样一来，知识体系就既有了专业的深度，又有了跨领域的广度。

什么是经典书与流行书？经典是某个领域的鼻祖、权威和代表作品。比如做销售，就一定要先读懂市场营销鼻祖菲利普·科特勒的代表作；做管理，就一定要先读懂管理学鼻祖彼德·德鲁克的代表作；修炼人文素养，就一定要先读经典的文史哲类读本如《论语》《道德经》《史记》。如果你连经典都没读明白，就很容易陷入读得越多脑子越乱的困境，觉得各种书各有道理，不知何去何从，缺乏评判依据与标准。流行书就是阶段性的畅销书，代表着前沿、趋势、创新等新思维、新观念、新技术、新方法，每年都会有一些新的畅销书出来，这些书的名单都可以在大型网上书城的排行榜上随时查到。这样一来，你的知识体系就会既扎实又不落伍。

当然，书光会挑不行，还得会看。可以先看目录，再看书评，跟自己脑袋里存储的知识做个对比，然后挑自己有缺口的、紧急需要的、相关的重点精读，其他的则可以通读。这样一来，就大大提高了读书的速度。

第二读是“读事”。

某大型跨国公司进行人员招聘，最后进入终面的只有三个人。公司安排他们在会议室分三天做三次考核。

第一次考试结果出来后，李亮以 99 分的成绩排在第一位，丽丽以 95 分的成绩排在第二位，另一位王先生得了 93 分。

第二次试卷发下来后，李亮感到很纳闷，试题和第一次的完全一样。丽丽和王先生开始也认为是发错了试卷。但监考人员一再强调，试卷没有发错。李亮第一个交卷，过了一会儿王先生也交卷了，丽丽最后交了试卷。第二次考试，李亮仍以99分的成绩排在第一，王先生得了92分，交卷最晚的丽丽以98分的成绩排在第二。

第三天准时进行第三次考试，试卷还是和前两次完全一样。三位应聘者只好继续闷头答题。不到半个钟头，两位男士都满意地交了试卷。丽丽仍绞尽脑汁冥思苦想，修修改改，直到收卷铃响才把答卷交了上去。第三次成绩出来，王先生还是92分没变。李亮则长长舒了一口气，他仍以99分的成绩排在第一。不过这次没有独占鳌头，丽丽这次也以99分的成绩和他并列第一，但李亮一点也不担心被她挤下来。

第四天公司录用榜一公布，李亮傻眼了：上面只有丽丽的名字，自己落选了。他当时就找到总经理，理直气壮地质问他："我二次都考了99分，为什么不录用我，而录用了前两次分数都低于我的考生呢？你们这种考核公平吗？"

总经理笑呵呵地凝视着李亮，直到他心平气和才开口说道："李先生，我们的确很注重考分。但我们公司并没许诺谁考了最高分录用谁。考分的高低对我们来说只是录用职员的依据，并非最终结果。你次次都考了最高分，可惜每次的答案都一样，一成不变。如果我们公司也像你答题一样，总用同一种思维模式去经营，能摆脱被淘汰的命运吗？我们需要的职员不单单要有才华，更应该懂得反思，善于反思。善于发现错漏的人才有进步，职员有进步公司才有发展。我们之所以分三次用同一张试卷对你们进行考核，不仅仅是在考你们的知识，也在考你们的反思能力。这次你未能被录用，我实在抱歉。”

李亮哑口无言，羞愧难当地退出了总经理办公室。

同样的岗位，为什么有的人工作短短一年却提升很快，成长很快，而有的人工作三五年甚至十年都还是原地踏步？那些原地踏步的人大多不善于学习，一件事情做过了就过了，没有在脑海里留下任何印象，下次再做要不就是早已忘记只好从头再来，要不就是机械地重复没有任何长进。而一个真正善于学习的人，做完任何一件事情，都会马上进行自我总结和反思，查漏补缺，总结经验教训。这样一来，下次再做的时候，自然能够优化完善或者避免重蹈覆辙。

请记住，大多数老板和管理者最不能容忍的不是员工犯错，而是一个员工一而再、再而三地犯同样的错！同样的问题会一错再错，这样的人说到底是因为没用脑思考、没用心工作。

第三读是“读人”。

人能读吗？答案是肯定的。子曰：三人行，必有我师焉。读哪些人最能获得提升？还记得前面说过的人生三大贵人吗？读其中的心智贵人、事业贵人就可以。现在全球顶级的商学院里用得最多的教学手法是案例教学，其本质就是读人，从别人的思想和行动中获得智慧。

读人的表现形式除了读别人的案例，还有一种很广泛的表现形式是聊天。没有品质的闲聊可能让你感觉浪费时间；但高品质有深度的聊天，却往往是一种享受、一种学习。把握得当，跟人聊天的过程，其实就是一个很好的学习过程，你大可以从别人身上取长补短、汲取经验教训，同时还能互相交流感情、增进友谊，何乐而不为呢。

广东人喜欢喝早茶众所周知。其实大多数生意人去喝早茶都是为了交流信息、分享经验、寻找机会。喝早茶成了“读人”的极佳方式与平台。正因为如此，广东人的生意头脑在全国也是赫赫有名的。

学习的途径不仅仅只有读书，读事和读人往往是更有效、更灵活的手段。做好了这“三读”，就拥有了比别人更快的成长速度，这就是学习的事半功倍。

当职业生涯发展到一定高度，职位还行，薪水还不错，小日子过得也还挺美时，很多人就容易慢慢放松对自己的要求，放慢甚至是放弃学习的脚步，这个时候，风险也许正慢慢朝你袭来。别忘了，当你躲在过去的功劳簿上呼呼大睡时，那些在后面不断爬的“乌龟”，可能终有一天会赶超你。

我刚到小兴安岭时，山里有很多狍子，上山打狍子的人也多。狍子极机灵，动作敏捷，可人们却屡屡得手。不能不让人感觉奇怪，这么伶俐的小东西，怎么这么容易被捕获呢？

直到听有经验的老猎人道出原委，我才恍然大悟。原来狍子虽然灵活，却有一个致命的缺点，那就是随遇而安。当人们发现狍子，用东西打的时候，由于它动作快，往往很难命中，所以人们多半是在追。追得累时尽可以休息，狍子也不会趁机逃走，它也在休息。当人们再追时，它会再逃，在山里，狍子跑得再快，总会留下痕迹，所以人们尽可以跟着那些痕迹追踪。人们尽可以放心去吃饭，甚至天晚了还可以回家睡觉，再来的时候，狍子肯定还在附近。于是又开始新一轮追逐。狍子毕竟没有人有体力和耐力，最终会被累得瘫倒，被人们悠然提走。所以，山里人常常称狍子为傻狍子。

很多人又何尝不像狍子一样呢？随遇而安，不思突破，得过且过，当人生的变化甚至风险来临时，早已经失去应变和调整的信心与能力。就像动物园里圈养的猛兽，虽然也曾经凶猛过，但时间一久，吃惯了现成的肉，一旦回归自然，连狩猎捕食的本能都已经退化，只能等死。

今天你获得成功的策略与方法，过个三年五年也许就会变成失败的了，因为环境和条件变了。因此，要警惕“天花板现象”，不要躺在过去的功劳簿上睡觉，给自己设置成长的“天花板”，学会终生学习，不断突破和挑战自我，才是永葆职场青春与竞争力的不二法门。

金钱以外的第四个工作动力——心智历练

自2010年1月23日富士康发生第一起员工跳楼自杀事件后，富士康又连续发生十几起跳楼、割腕等自杀事件，引起社会各界乃至全球的关注。

2010年1月23日，19岁的员工马某在宿舍死亡。

2010年3月11日晚9时30分，20多岁的李姓男员工坠楼身亡。

2010年3月29日凌晨3时，23岁湖南籍男员工从高处坠落死亡。

2010年4月6日下午3时许，一名未满19岁的江西籍饶姓女员工坠楼。

2010年4月7日下午5时30分许，一名18岁云南籍宁姓女员工坠楼身亡。

2011年5月26日凌晨1时许发生一起跳楼事件，死者为20岁左右男性。

2011年7月18日凌晨3时许，又一名年仅21岁男员工坠楼身亡。

……

在这一系列震惊全国的事件中，年龄最小的才18岁，最大的也不过24岁，是什么原因让这些年轻的生命如此脆弱？调查看来，前途迷茫，人际不和，恋爱受阻，工作枯燥，加班紧张，都成了他们自杀的原因。

你也许会说这些原因根本不值得自杀，是的，如果有后悔的机会，我想这些人也许都不会选择这样一条不归路，但为什么明明知道不值得，他们还是作出了这样的选择呢？原因就在于那一瞬间，他们心理承受不了，崩溃了。一句话，心智模式不成熟是脆弱的根源！

人类有两个年龄指标，一个是生理年龄，一个是心理年龄。有的人生理年龄一大把却不成熟，也有的人生理年龄小却已经很成熟，所以，真正的成熟与生理没多大关系，而更多的是与心理有关。

衡量心理成熟程度的标准有三个Q，具体是指：SQ（灵魂商数，简称灵商，包括道德、价值观、信仰等）、EQ（情绪商数，简称情商，包括对自我及他人的情绪管理）、AQ（逆境商数，简称逆商，指面对挫折、摆脱困境和超越困难的能力）。

这三个Q怎么提升呢？有效的办法是多经历多思考。对于一张白纸般刚从校园到社会的职场新人而言，更多的还是得通过职场锻炼与修炼得来。

不经历风雨，怎么见彩虹。动物世界中，大狮子在把小狮子养到一定时间后，便会把它踢下山崖，任由它生存或者死亡。只

有能活着爬上来的狮子，才有当万兽之王的资格！人类何尝不是一样？

有座山上建了一座庙，庙里有尊雕刻精美的佛像。数不清的善男信女沿着一级级石阶走到山顶，在佛像前顶礼膜拜，烧香许愿。一年又一年过去了，这座庙一直香火鼎盛，前来拜佛的人络绎不绝。

终于，铺在路上的石阶开始抱怨了："我说佛像呀，大家同是石头，凭什么我被人蹬来踩去，你却被人供在殿堂？"

佛像笑了笑，说："当年，你只挨了六刀，便成为一方石阶，而我是经历了千刀万凿之后，才有了现在的形状！"

佛像昔日经受雕琢的痛苦，造就了今日的受人瞩目。同样，我们每个人也在用今天的坎坷，为自己的未来塑造着形象。

盛大网络的CEO陈天桥19岁那年提前从复旦大学经济系毕业，进入上海陆家嘴集团，他没料到第一份工作竟是每天在一个小房间里放映有关集团情况介绍的录像，一放就是十个月。

十个月里，陈天桥根本无法在简单的工作中施展才智和抱负，他第一次体会到人生的落差。但是他很快意识到：这也是磨炼意志的绝佳机会。在这段对于常人而言枯燥漫长的磨合期，他沉下心来大量阅读管理书籍，为日后独特的管理风格打下了基础。

在结束了十个月的放映员生涯后，恰逢集团下属一家企业有干部挂职锻炼的机会。勤勉的陈天桥得到了这个机会。他用这十个月的积累，陆续推行了一系列卓有成效的改革措施，逐渐形成了自己独特的管理风格。

陈天桥的成功就如同他代理的游戏一样，是一个传奇。十个月的放映员工作没有让他消沉，反而给了他学习管理知识的机会。试问，如果这样的事情发生在你的身上，你是否会满腹怨气？你是否能沉下心来利用时间学习新知识？只要懂得化渺小为伟大，寂寞也是机会！

再好的工作，做久了都一样会有枯燥、寂寞，甚至无聊的时候，怎么办？很简单，把每一次工作都当做第一次同时也是最后一次来做！像第一次做那样充满激情，像最后一次做那样谨慎，只有这样，才能把每一次工作做到最好。

海尔总裁张瑞敏曾经说过，什么是不简单？把简单的事做千百遍都做对，就是不简单；什么是不容易？把大家公认非常容易的事情认真地做好，就是不容易。

某轮胎厂1999年招收了六十多名应届大学生，培训一个月后，全部下放到工厂一线滚轮胎，结果不到三个月人就走了一半，一年后就剩下了十多个人，两年后还剩下六个人。

十年过去了，最终留下的六个人，分别成了财务总监、财务副总、集团副总、基建公司总经理、总裁高级助理、总裁办主任，都是高级经理人。而之前陆续离开的那几十人，无论是收入、地位还是其他方面，没有一个比他们成就更高，大多数人依然在徘徊迷茫，不是找不到职业方向，就是无法突破。

事实上，做工作就像挖井，挖得越久越深，出水越多且水质越好，在挖井的过程中，你根本想象不到结果。很多年轻人很容易对工作浅尝辄止，以为自己已经掌握了，已经熟悉了，没有再学习的东西了，殊不知，隐藏在深处的甘泉，只有勇往直前坚持挖一口井的人才有资格享受。

我进入教育培训行业的第一份工作是做顾问研发工作，大量的时间都是对着计算机撰写各种文字和方案，这份工作需要彻底静下心来，安静学习、思考，然后撰写。然而，当时年轻气盛的我心中其实并不喜欢甚至还有点讨厌这份工作，因为我想要的是能独立运营和管理一个项目，为将来创业打下基础。

在一年多的时间里，我只能不断提醒自己，无论如何要耐得住寂寞。随着研发工作的不断成熟，我开始展露出策划与管理才能，也正是因为这样，我顺利争取到了销售经理的岗位，直到最后晋升为事业部经理。

当我在这个行业坚持做到第十一个年头时，再回过头去看这份工作，我非常庆幸自己当时的坚持，正是因为一开始就打下了一个良好的根基，才让我今天能在这个行业一步一个脚印走了这么远，并且路越来越宽。

在工作中历练心智，以下七个要诀是必不可少的。

受得了苦：苦难是人生最好的学校。

吃得了亏：吃亏是福，塞翁失马，焉知非福，被别人利用才有机会，这至少证明你还有价值。

听得进批评：良药苦口利于病，有则改之，无则加勉，有人批评至少证明别人还在乎你。

认得下错误：认错不一定“有错”和“很错”，这是对别人的尊重，更体现你的责任和担当。

担得起重任：烫手的山芋不妨接一接，所谓危机，危险背后就是机会，你的勇气会帮助你脱颖而出。不求有功，但求无过的“伪成功学”只会害你与机会擦肩而过。

坚持住寂寞：寂寞让人优秀，因为寂寞，你正好可以集中精力不受干扰，沉下心来修炼自身。

挑战得自我：每个人内心都有一个魔鬼叫“自我设限”，这个魔鬼总是在关键时刻提醒你“做不到”，但事实上每个人都至少有90%以上的潜能被埋没，所以如果你告诉自己一定能做到，成功的几率有可能就在90%以上！强烈推荐使用“万金油开发法”，每天尝试一点新事物，看看、听听、想想、做做均可以，我就是在18岁时偶然看到一本《销售与市场》杂志，从而开启了财经管理之路。

总之一句话，合理的事情是对你的锻炼，不合理的事情是对你的磨炼!

感谢伤害你的人，因为他磨炼了你的心志；感谢欺骗你的人，因为他增强了你的智慧；感谢中伤你的人，因为他砥砺了你的人格；感谢鞭打你的人，因为他激发了你的斗志；感谢遗弃你的人，因为他教会你独立；感谢绊倒你的人，因为他强壮了你的双腿；感谢斥责你的人，因为他提醒了你的缺点。

每个人在年轻时都是一颗蒙尘的钻石，需要不断地锻炼与磨炼，来擦亮自身，展现璀璨的光华。今天的历练是为了明天的成熟与成长。

金钱以外的第五个工作动力——打造个人品牌

当你积累到一定程度时，你的名字就会成为一个品牌，这就是你的个人品牌。

个人品牌意味着什么？举个最简单的例子，比如今天你去买牙刷、牙膏、洗发水，你会考虑品牌吗？很多人应该都会考虑。

因为你心里会有个感觉，有品牌的产品比较有保障，比较可靠，如果买一个不知名的小厂家生产的产品，你会担心质量问题。所以，个人品牌的首要价值就是让别人对你有更多的信赖，从而得到更多的机会。

除了信赖，个人品牌更大的价值在于给你的身价增值。比如一双运动鞋，同样的质量、同样的材料、同样的款式和做工，品牌 LOGO 的不同，价格可能会有天壤之别，世界名牌要卖几百元、上千元人民币，把他们的品牌 LOGO 换成普通的国产小品牌，一百元左右就能买得到，这就是品牌带来的增值。

2008 年，某美国数据网站进行了一次有趣的统计，该网站根据 NBA 球员的真实价值，对全联盟所有球员进行了一次排列。结果詹姆斯不出意外地领衔群雄，保罗与科比紧随其后。姚明排名第八，而他的搭档麦蒂则排名第十八位。

你也许要问，排行榜是根据什么来确定球星的身价的？很简单，就是根据他们以往的比赛成绩。球打得越好成绩越高，身价自然就越高。所以，在 NBA 的球队里你会发现，虽然同一个球队每位球员拿的薪水可能差距悬殊，但这并不妨碍他们的激情与协作，每个人都会全力以赴打好每一场球，因为他们深深知道，自己的每一场球，不是为球迷而打，不是为俱乐部老板而打，而是为自己而打，为自己的身价和个人品牌而战。

每一个职业人士的个人品牌，都需要经历一个“品牌金三角”的修炼过程，“品牌金三角”是指：知名度、美誉度、忠诚度。

知名度意味着要让更多人知道你、了解你，否则你一定得不到机会。但是很多人想不到这一点，开会时缩在最后，干什么事情都缩在最后，公司有集体活动还找借口不去，殊不知，这样做丧失的可是建立个人品牌知名度的大好机会。不跟人交往，不发表意见和展现自己，怎么可能会有机会！

美誉度意味着要让更多的人认同你、欣赏你、支持你，别人对你的评价，真正有效的是背后的评价而不是当面的评价，所以，经营好人际关系是获得美誉度的基础。

忠诚度通常是老板和领导们最看重的，它意味着一个员工是否愿意与企业真正长期合作双赢发展。试想，假如你是老板，一个人来应聘，你一看他的简历一年中跳了六次槽，这样的人你敢要吗？我想很多人都是不敢要的。因为这样的人让人感觉不踏实、不可靠、不放心，让人担心他是否会带来风险和负面影响。换句话说，跳槽越多，别人对你的信任成本就会越高。

当然，正常的跳槽是没有问题的，任何一个企业都绝对不能容忍的是跳槽后还反过来挖墙脚，今天你可以挖这家的墙脚，明天同样也可以挖新东家的墙脚。这样的行为，无论是对企业还是对员工个人，都会带来非常严重的影响。

现在很多公司都会跟员工签同业禁止合同，你可以正常跳槽，但不能泄露原公司的核心商业机密、危害到原公司的商业利益。其实这是个无奈之举，一旦发生条约纠纷，对双方都是个打击和影响。所以忠诚是一个职业人士最基本的道德底线，一旦触及这个底线，就必须承担因此而造成的后果。

廖建华曾担任金蝶西南区总经理、成都分公司总经理，2005年9月30日，廖离开金蝶，两个月后加盟金蝶的竞争对手用友软件。之后，金蝶认为，廖违反了公司《保密及竞业限制协议》相应条款，要求廖建华离开用友公司，并赔偿金蝶10万元人民币。最终金蝶胜诉。

必须指出的是，忠诚度并不是员工对企业单向的付出，和恋爱一样，员工与企业之间的忠诚也是一个双向互动的过程。现在很多企业都强调内部培养，优先从内部提拔人才。你付出了忠诚，自然能得到企业更多的回报，比如学习、升职、加薪的机会等。企业为什么要给你这些机会？很简单，希望你能够更长久地留下来、创造更多的价值。

反之，如果你随便跳槽，获得的是表面的选择自由，失去的很可能是宝贵的成长与发展机会。要知道，一个可以随便跳槽的员工，对企业而言也意味着只要随便用用就行，不需要给太多机会，因为给了也是白给，还不如把机会留给那些更珍惜的人。

你有选择的自由权，可以选择忠诚，也可以选择不忠诚，但所有的结果都要由自己来承担。

个人品牌的成长需要经历品德关、技能关、结果关三道关。

第一关是品德关。小胜凭智，大胜靠德，品德关的主要内容包括忠诚、敬业、感恩、负责，这是所有企业最为看重的一关，也是奠定个人品牌的基石。如果将个人品牌的成功看成是一朵绚丽的花朵，那么品德就是花朵的根，只有根基深厚而健康，花朵才能开得持久而绚烂，如果根部腐烂，即使花朵开得再绚烂，都可以预见它转瞬的消亡。

古往今来，德才兼备都是国家和企业甄选人才的标准。但如果二者不能兼得时，对品德的考核始终是人事考核因素中的首要内容。德才兼备为圣人，德大于才是君子，才大于德是小人，无德无才是愚人。德为导向，才是基础；德靠才来发挥，才靠德来统率。少德之人，纵有经纶满腹，也难成大事。

有着两百多年历史的杜邦公司在一次面试时，碰到这样一位候选者。他在前几轮的面试中表现十分优秀，但在最后一轮面试时，由于某些专业问题回答得令人并不十分满意，很遗憾地被淘汰了。

就在他起身准备离开的时候，椅子上一颗突出的钉尖将他的衣服刮开了一个口子，面试官们在低头翻看着手里的材料，并没有注意到这一幕，这位面试者走到桌子面前拿起订书机，将钉子尖钉了回去，然后又给面试官鞠一躬，礼貌地表示了一下感谢，转身准备离开。

就在此时，面试官却叫住他问道：“你明明知道自己被淘汰了，为什么还会在意椅子上的这颗钉子呢?”

面试者笑了笑，礼貌地说道：“您误会了，这和面试并没有关系，我只是不想让下面的面试者和我一样被这颗钉子刮破衣服而已。”

等他说完，面试官满意地笑了，走过来握着他的手说：“恭喜你，你被杜邦录取了!”当这位面试者似乎有些惊讶和迷惑的时候，面试官解释说：“专业知识的欠缺可以通过公司的培训和你自己的努力来弥补，但是一个员工的职业道德却是最宝贵的素质，这才是我们最需要的。”

杜邦公司在选拔录用人才时始终坚持“德才兼备，以德为本”的标准，这为其企业自身的发展奠定了坚实的基础。个人的技能和能力或许可以使你在职场拥有短暂的辉煌，但小胜靠智，大胜靠德，品德高尚的员工才是企业需要的财富，因为这样的员工除了能在企业的生产和管理上起到积极的作用外，还能对企业其他员工产生良好的带动作用，形成良好的工作氛围，从而给企业带来持久的辉煌。

因此，从现代管理角度看，要想成为一个优秀的员工，提高自己的个人品牌竞争力，首先要成为一个具有良好品德的人。没有了品德，无论是在职场还是其他场合，任何成就也都没有了意义。职场如战场，品德的优劣决定着一个人的成败。一个员工如果有了良好的品德，就已从根本上战胜了对手，取得了大胜。

第二关是技能关。有德还要有才，在个人品牌的阶梯上，德是准入的门槛，才是攀登的阶梯，才指的是技能，包括知识、技术、能力、智慧、经验等综合素质，把脑袋装得再满一点、再充实一点，你就能在个人品牌的阶梯上爬得更高一点。

第三关是结果关。有德有才、德才兼备，是不是就够了呢？还不够！现在大学生那么多，别说是本科生，连硕士、博士也越来越多。在竞争激烈的职场，用千军万马过独木桥来形容面对某个机会时竞争的白热化一点也不为过。当一百个甚至一千个人都对领导说，“领导我是千里马，请你这个伯乐给我一个机会吧”，而机会只有一个，领导该怎么办？怎么挑出真正的千里马来？那就只能用结果说话了。

据说日本企业在招聘中有个“潜规则”，那就是一定要先看应聘者上一家单位在他离开后的发展状况如何，如果状况不错，说明有应聘者的功劳，如果状况不好，也一定有应聘者的影响。

乍看起来，这个推理似乎有失偏颇，毕竟一个企业发展的好坏，与某个员工个体的努力程度关联度可能并不是特别高。

尽管如此，日企员工的跳槽频率确实要低很多，即使到了中国，没有了终身雇佣制，但因为这个潜规则依然存在，日企圈子里的中国员工跳槽频率依然比较低。

当你抱怨自己德才兼备却怀才不遇时，请先反问自己：我真的用结果证明自己的独特价值了吗？有句老话说得好，“是驴子是马，拉出来溜溜”，光说不练假把式，如果你真的有德有才，请用行动证明，而不是嘴巴来说，用结果证明自己，也告诉别人，这个机会给你错不了！

新时期的三有人才是指“有德有才有结果”。练好这三有，个人品牌才能一路成长，一路高歌。

打造个人品牌，还要学会处处争第一。世界第一高峰是珠穆朗玛峰，海拔8844.43米，估计地球人都知道，但世界第二高峰是哪座山峰，却很少有人知道，第三第四就更不用提了，这是个很有意思的现象。其实世界第二高峰乔戈里峰海拔8611米，比珠穆朗玛峰只矮200多米，差距并不算大。为什么人们只记得第一高峰呢？很简单，每个人脑海中都有个最深刻的第一印象。在个人品牌建设中，争取拿到第一是关键，尤其是下面的“六个第一”。

第一个到达：第一个到达有两个好处，首先，你可以获得更充分的准备时间；其次，你有更充裕的时间和后来的人打招呼甚至提供适当的服务，从而建立知名度和美誉度，给人留下积极勤奋的好印象。

第一个座位：开会时坐在第一排或者是离领导最近的第一个座位，让更多的人一眼就关注到你，让领导也有更多的机会关注到你，同时还能争取到更多和领导交流的机会。

第一个发言：开会时第一个发言的人往往能马上引起别人的

重视，让所有目光的焦点马上集中到你的身上，让人留下你善于思考的好印象，并且你的言论也更容易被人记住和采纳。

第一个接受：当领导说这个任务很有难度谁愿意去挑战一下时，你第一个举手接受说“我愿意全力以赴”，你敢于担当的勇气和信心，一定能让人对你另眼相看、印象深刻。

第一个开始：当别人都在用嘴巴投票时，你第一时间用行动去投票，马上开始行动不要拖延；当碰到问题别人都在抱怨时，你第一时间用脑袋去找方法，而不是用嘴巴去找借口。

第一个完成：争取第一个完成任务，这里的第一，可以是时间第一快、质量第一高、成本第一低，总而言之，一定要有某个指标是超越别人的，只有这样才能给人留下深刻印象。

其实，这六个细节并不难，难的是有心坚持。个人品牌就是从这些细节中一点一点积累起来的。回顾一下，你平常做到了几个？从现在开始，马上把这六个细节加入习惯养成计划吧，当处处争第一成为习惯时，你还用为个人品牌身价发愁吗？

个人品牌的成长，同样需要经历一个从小到大的积累过程。所以你应该给个人品牌设定一个成长计划，先从目前的团队开始，想一想，如何先在目前的团队里做到最优秀，争取到最多的第一，然后从团队到分公司到集团再到整个行业，先成为一个行业的明星，最终，甚至可以实现跨行业的发展。

2007 年我刚刚开始从事商业培训与演讲，因为是新人，个人品牌还没有什么影响力，所以没有人主动找我讲课，所获得的每个培训演讲机会，都需要经过主动推广与反复沟通争取。因此，我非常珍惜每一次演讲机会，无论课酬高低，都把每一次课程当做第一次也是最后一次去对待，每一次总是把课件改了又改，准备了又准备，甚至每次课间休息时，都争分夺秒地继续完善细节。

功夫不负有心人，后来，随着讲课机会越来越多，我的知名度与美誉度也直线上升，找我的客户也越来越多，再后来，我已经不用再去主动推销自己了，助理只要每天接接电话、收收邮件，做好沟通与服务就行了。

请记住，个人品牌永远没有重来的机会！一旦被抹黑，染上污点，就永远难以消除，哪怕你把简历改掉重新包装也无济于事，除非你甘愿一直待在基层，因为很多企业对于基层岗位一般不会查得很严。但如果你想往中高层发展，那就会非常麻烦，因为随着人力资源信息管理的日渐发达，现代企业对于中高层这样的重要岗位，在引进一个新的人才以前，都会对候选人的背景进行全面调查。

王小姐是一家软件公司的资深项目经理，在该公司已经工作了三年，也带了一个小团队，一共五个人。2011 年秋天，一家猎头公司找到王小姐，表示有一家刚刚进入中国市场的 IT 公司想邀她加盟，对方开出了比王小姐原公司高40%的薪酬，王小姐同意了。三个月后，王小姐跳槽到新公司。新公司让她着手组建自己的团队，因为一时招聘不到合适的人员，王小姐想到了她原来的五个下属，于是她出面把原来的下属全部挖了过来。这件事情引起了老东家的强烈不满，他们把王小姐及五位下属和王小姐的新东家以“不正当竞争”为由告上了法庭，要求他们赔偿大笔损失并公开道歉。

最终，新公司不得不放弃王小姐及其团队，并表示王小姐擅自挖人没有经过公司领导审批，属于个人行为，反过来要追究其个人责任。最后，王小姐不得不公开道歉并承担部分赔偿，这件事也导致她与五位下属在行内很难再找到好工作，五位下属也抱怨王小姐毁了他们的前程。

案例中的王小姐也许只是一念之差，因为用人心切想走捷径，结果没想到毁了自己也毁了别人。其实，很多人都有王小姐这种心理，一念之差，一着不慎，最后悔之晚矣。

个人品牌的打造过程，就是一个建造自己人生大厦的过程，工作的时候，很多人只把自己定位为给老板盖房子的人，觉得房子建得再好，享有的人也只是老板，而且认为使出两成的力气和使出八成的力气，所领到的薪水一样多，为什么要多付出六成的力气便宜了对自己指手画脚的家伙呢？于是便懒懒散散地敷衍着老板，只愿意尽量少费力气，去建造一座勉强看得过去的房子。

抱有这种想法的人，总是想当一天和尚撞一天钟，人生走了快一半，也还是默默无闻。在公司的位置就像鸡肋一样。轮到裁员的时候，这样的人的名字会被毫无悬念地放在第一位。

事实上，工作不仅仅是维持生存的一种手段，更重要的是，在这个过程中，我们能使自己的知识和阅历增值，使自己的个人品牌增值。日复一日，量变积累到质变后，我们便可以在人才市场为自己赢得一个更高的身价。而判断身价的依据就是所做过的事情。好也罢，坏也罢，这座房子永远没有重建的机会，而最终住在房子里的是我们自己。

当你把工作视为建造属于自己个人品牌的房子时，就会尽善尽美地去完成，为了每一个细节的完美而一丝不苟，因为你始终在脑子里有这么一个概念：这所房子是属于我的。

你是想给自己盖一所牢固美观的房子，还是盖一所敷衍了事的房子？我想，聪明的你一定能作出自己明智的选择。

职业生涯的今天明天后天

我们的职业生涯看起来似乎很长，按照国家目前的法律规定，男士到60岁退休，女士到55岁退休，每个人都有几十年的职业生涯。但事实上，真正能用来奋斗的时间其实很短，只有短短十余年，因为职业生涯是有阶段性的，过了奋斗的黄金时期，再多的时间也几乎于事无补。

我们可以把职业生涯分为三个阶段，也可以把它看做是三天（如图2）。

图2　职业生涯的今天明天后天

我国目前大学本科毕业生的平均年龄为22.03岁，从22岁到25岁是职业生涯的今天，这是探索期，主要任务是尽快找到自己的定位。定位才能定心，定心才能全力以赴投入工作。

要想有效找到自己的定位，必须做好“五个定”，即：定区域、定行业、定企业、定目标、定起点。

第一，定区域。区域绝对是应该确定的第一步，比如你在北京工作了一段时间觉得不合适，跑去上海了，然后又感觉不合适，跑回老家去了，这样一折腾，对你最大的伤害在哪里？没错，就是人脉！区域一变，人脉基本上就全部断掉，很难再保持密切联系，更谈不上实质性的合作了。

我职业生涯中最大的一个教训是离开待得好好的广州去深

圳，在深圳没待几个月就阴差阳错地被派到北京，到了北京又因为面子问题本来有机会回广州却死活不愿意回去。所以在北京我不得不一切从零开始，最惨的时候曾经住了三个月地下室，房租还是借的！

后来我才发现，“树挪死，人挪活”这句老话其实是有误区的，人脉就像我们的根，随便变换区域，就相当于把自己连根拔起，那些曾经很有价值的人脉，转瞬间就变得一无是处，因此反倒有可能挪得越快、死得也越快。

在选择区域时，要考虑的是自己的性格特质是否与这个区域特质吻合，不要一味贪大或盲目求小，合适的才是最好的。假如今天你在北京等一线大城市，恭喜你，你会有大把的挑战和发展自己的机会，与此同时，你也得做好承受竞争与压力的准备。假如今天你在二三线城市，也不错，虽然可能挑战与锻炼的机会没有那么多，但你会拥有比较稳定的工作与生活状态。所以城市的大与小没有绝对的好和坏，想清楚，你是要做大海里的小鱼，还是小池塘里的大鱼。一旦作出选择，就要舍得在一个地方长期扎根，直至生根发芽开花结果。

第二，定行业。评判一个行业是否值得长期发展，关键标准是这个行业是否有足够的发展前景。这是一个朝阳产业还是一个夕阳产业？选择一个处于上升发展阶段的朝阳产业，就能拥有更大的发展空间。否则，中途换行，往往隔行如隔山，又得经历一次格式化清零、从头再来的过程，势必耽误时间与机会。

第三，定企业。再好的企业也会有问题，再不好的企业也会有机会，因此，需要学会客观全面地评价一个企业。这个企业对你而言，有没有机会、值不值得长期扎根？不同的企业机会有所不同。首先，企业规模有大小之分，如果你在大企业，恭喜你，你可以得到复制成功经验的机会、稳定和保障；如果你面对的是中小企业，用不着气馁，你可以得到挑战和创造的机会、展现自我的机会。其次，企业体制有国企、外企、合资企业、私营民企之分，国企最大的好处是稳定安逸，外企最大的好处是能快速复制专业技能，民企私企则可以拥有更多锻炼与挑战的机会。想清楚你想要的工作状态，一个聪明的职业人士懂得如何在不同的环境中随时找到自己可以成长的机会。

第四，定目标。你需要考虑，在这个企业里你希望自己最终能做到哪个部门，哪个职位，这个目标必须要能发挥你的优势。先不用管目前是否能马上拿到这个职位，先往长远想一想，找到长期目标。

第五，定起点。为了实现目标，要清楚应该并且可以从哪个部门哪个职位做起。需要注意的是，很多时候定目标与定起点之间是有差距甚至冲突的，比如目标可能是要做人事部门总监，但目前你只能得到一个销售助理的岗位，像这种情况，到底要不要接受这个起点呢？我的建议是如果前面四个定都没有问题，完全可以先接受。还记得我们前面说过的吗？如果不把一条腿迈出

去，就永远不会有机会！现在一般企业里都有内部轮岗和调岗的机会，曲线也可以救国。

做好五个定，早点把心定下来，就能比别人节约更多时间，获得更多可能的机会。

晓丽研究生毕业快两年了，这期间她换了五个单位，她的同学大部分都已经稳定下来并且不少人还获得升职加薪的机会时，她还在试用期。

原来，第一个单位试用期三个月刚满，她就辞职了，原因是忍受不了单位相对复杂的人际关系；第二个单位又试用了三个月，还是因为同样的原因，她又辞职了；第三个单位还不错，可是经常要出差，所以试用期刚满她又辞职了；第四个单位她干了五个月，转正才两个月又辞职了，这次是因为她感觉没有发展空间；第五个单位要求应届毕业生试用期是六个月，并且试用期的薪水只有正式薪水的三分之一，晓丽只能很不情愿地接受了。

半年的试用期终于结束了，刚转正，晓丽又开始心神不定地抱怨这抱怨那，又动了跳槽的心思。但这次她不敢随便跳了，因为她已经27岁了，准备明年结婚，后年要孩子，她担心继续跳槽下去，工作无法稳定，会影响到后面的结婚与生育计划。

其实晓丽在她的研究生同学里成绩算是优秀的，通过了英语八级，还拿到了注册会计师证书，她的第一份工作是一家颇有名气的合资企业，她也是那家企业当年在当地录取的唯一一名研究生。按道理，晓丽当初是被作为重点培养对象招进去的，但因为人际关系的问题她一气之下辞了职，后来晓丽也有些后悔，但再想回去显然是不可能的了。到底怎么办？晓丽陷入了迷茫。

晓丽因为没有客观地分析一份工作的价值与机会，最后换来换去，在基层白白浪费了近两年时间，两年过去了，脑袋和口袋都没有实质性提升，当初的英语和注册会计师的竞争优势也逐渐不复存在，这是非常可惜的。如果她踏踏实实沉下心去，估计早就已经升职加薪了。

从25岁到35岁是职业生涯的明天，明天是成长期，十年磨一剑，你的主要任务是埋头做好一件事——打造个人品牌。

在明天，你的个人品牌会有两个不同的成长方向：一个是管理方向，一个是专业方向。不是所有人都有机会做管理，也不是所有人都适合做管理，但可以肯定的是，所有人都有机会不断成长。

先来看看管理方向，如果你销售做得很好，服务做得很好，并且对管理有热情有潜质，那么可以考虑往管理方向去提升，从专业到管理，可以去争取主管位置，然后逐步往经理、总监、副总甚至总裁等更高的职位上去发展。

另外一个是专业方向，注意这里的专业指的不仅仅是技术，比如销售、服务、财务等，只要是术业有专攻，都可以往专业方向提升。这样一来，就会越老越值钱，越老越吃香，越做越轻松。

比如做销售，资历越深做得越久，积累的人脉跟经验就会越广，当你积累了一个又一个大客户时，销售工作一定会越来越轻松。

不要以为只有做管理者才有发展，根据自己的个性，到底是喜欢自己管自己，还是喜欢管理其他人，找到最适合自己的发展方向，才是平衡现实的选择。

看到这里，你也许要问，为什么选择在35岁？难道40岁就不行吗？因为中国人讲究三十而立，35岁已经不早了，而且这个指标主要是针对男性而言，如果是女性，建议提前到30岁。因为女性人生的时间段跟男性不太一样，大多数女性可能都需要考虑30岁前结婚生子，如果结婚生子后三十多岁重返职场，却仍旧和一群二十来岁的小姑娘去争抢基层岗位，很明显是没什么竞争优势的。

为什么没有竞争优势？很简单，年轻人大多像一张白纸，有激情，愿意学习和改变，对薪水的欲望也不会太高；而一个三十多岁已经定型的人往往已经养成了很多固有的思维与行为习惯，不太愿意改变，激情也大多趋于平淡，因为还要养家糊口承担更多家庭责任，因而对薪水的要求却会比较高，这样一来，同样的基层岗位，大多数企业都会选择把机会给更年轻的新人。

如果一个人到了三十多岁还在基层找工作，会非常痛苦，根本就没有竞争优势。这样看来，35岁其实是个分水岭，有点像鲤鱼跳龙门，跳过去就变成了龙可以飞得更高，跳不过去就会摔下来跌得很惨，正所谓“长江后浪推前浪，前浪死在沙滩上”。

35 岁之后开始进入了职业生涯的后天，后天是收获期，如果个人品牌这个龙门跳过去了，后天就会很美好，将享受到今天和明天辛苦付出所带来的更多突破性回报，无论是薪水还是地位都会获得突破性提升。到了后天，你不用再去辛辛苦苦找工作，好工作自然会来找你。事实上，真正的好工作不是你找出来的，而是工作主动来找你的。

范女士已经 48 岁了，还在做销售，现在是公司级别最高的销售人员，是“专家级”。她现在的工作非常轻松，公司对她没有特别严格的考勤要求，主要靠业绩说话，她手头有好几十个核心大客户，所以每天只要打打电话，找客户吃吃饭，偶尔出个差就可以。

虽然她的工作没有什么管理职能，但她在公司很受尊重，而且她自己也更喜欢这种管好自己就行的简单状态，她觉得自己的工作和生活平衡得很好，她想，自己就算做到 58 岁应该也没什么问题。

所以，今天很残酷，明天更残酷，但后天很美好，可惜的是大多数人都死在明天晚上。这几年，“逃离北上广”的现象越来越多，毫无疑问，这些逃离的人，就是“死在明天晚上”的人。试问，你才二十多岁，会逃离吗？一定不会逃离，因为你觉得自己还有机会，还有时间可以继续拼搏和奋斗。而那些工作了八年十年还是不上不下没法突破的人，最后发现已经越来越不太可能实现自己最初的目标，房子、车子、票子，现实的压力一个都解决不了，怎么办？最后只好打道回府，到一个竞争压力小的地方去，到一个生活成本相对更低的地方去，这就是为什么在北京、上海、广州、深圳这样的一线城市，在街头看到的熙熙攘攘的人流中总是年轻面孔居多。

在这些城市里，每天有多少年轻人抱着梦想来，每天又有多少人到了三四十岁不得不在无奈中打道回府。真正扎根留下来的人的比例是很低的。

如果你想要“活着”看到后天的太阳，不想被后浪拍死在沙滩上，从现在开始，向种子学习成长的秘密吧。

一颗种子的一生，要经历春天播种、夏天耕耘、秋天收获的过程，如果播种或耕耘不当，到了秋天就只能颗粒无收。

我们的人生其实就跟种子一样，也有着春夏秋冬的过程。从播种到收获，中间一定是有时间差的，记住人生的播种与耕耘的道理——付出一定有回报。

很多年轻人经常恨不得今天播种明天就有收获，无疑，这是不符合生命自然规律的。你需要做的、能做的，就是播下正确的种子，用心耕耘，多浇水、多施肥、多锄草、多松土，做好耕耘，自然不愁收获的那天不到来。

反之，那些回报快的人，反倒不一定能得到真正好的回报与幸福。

回报周期与人生结果

计时工资：1天——临时工

月薪：1月——打工者

年薪：1年——职业经理人

3年以上——老板

100年——仙人

3000年——圣人

计时工资是回报最快的，但这种回报方式是临时工的工作回报，最大的风险是不稳定，种子播得太浅，风一吹就没了。基层的打工者们只能忍受一个月的回报周期，到期不发薪水估计大多就会开始坐立不安，所以稳定性不如能忍受一年的回报周期的职业经理人。老板得忍受三年以上的回报周期，所以老板们通常只关注回报周期和回报率。能忍受100年的回报周期的人都成仙了，100年后自己已经作古了。3000年的回报周期最长，这种人是“圣人”，因为种子播得足够深，所以地位是神圣不可动摇的。中国自古以来也就只出了一个圣人孔子。

孔子一生诸多不顺，亲人弟子相继亡故，政治理想在当时无法得到实现，晚年在几个国家间颠沛流离。

孔子之伟大正在于其“知其不可而为之”，他将自己的政治理想寄希望于后世，在回到鲁国后他停止了直接的政治活动，一面继续整理文化典籍，修订六经；一面广收弟子，大规模地开展文化教育事业，相传孔子教授的弟子有三千余人，其中精通六艺的弟子有七十二人。

孔子的教育活动不但培养了众多学生，而且也是在实践他所提出的教育学说，为中国古代教育奠定了理论基础。

孔子一生不求个人回报，但求经世济民。但正是这个不求回报的人，最后获得了最大的回报，历朝历代都把他尊为圣人，现在孔子学院已经开到了世界各地。

综上所述，工作虽然不是我们生活的全部，但是幸福生活一定来源于稳定的、积极向上的、有意义的、快乐的工作，你付出了自己的“剩余价值”，就要想办法经营工作，从工作中得到更多无形薪酬的回报。

脑袋决定口袋，在 35 岁以前，个人品牌比薪水更重要，少谈价格多谈价值，努力提升脑袋，修炼个人品牌，必将迎来美好的、收获的后天。

4

第四章

接受所选择的企业——终点比起点更重要

发自内心地接受今天所在的企业，发自内心地热爱这个岗位和这份工作，其实就是在接受自己、热爱自己。如果你对企业和工作还不够满意，那也只能说明，你自己还不够好。

员工与企业之间就像是一场恋爱，也是一种合作，最好的结果是双赢，因此，一个聪明的员工一定要学会跟企业双赢。个人的付出推动企业的发展，反过来，企业的平台也可以成就个人的发展。

为企业创造“功劳”是员工存在的唯一理由

企业是什么？是一个营利性组织，通过赢利，实现生存、发展；通过提供产品或服务换取收入，以实现投资人、客户、员工、社会大众的利益最大化为使命。

企业不是福利院，如果不赢利，就只能面对倒闭的下场，员工就只能接受下岗的现实，这意味着每个员工来到企业里就一定要创造出相应的价值，贡献出一定的利润。

有些人经常说，“我没有功劳，也有苦劳”。回想一下，当你的领导批评你没有创造出很好的业绩和结果时候，你心里是不是也有过类似的念头？这种说法听起来似乎有一定道理，但实际上并不是那么回事。我们先来看一看，如果一个员工只有苦劳而没有功劳，最后的结果是什么样的。

你的所谓苦劳是否同样消耗了企业资源和个人资源？答案是肯定的，只要有行动就会消耗资源。所以，如果你消耗了资源却没有创造出有效的功劳，那就是资源浪费，说严重点那叫“犯罪”！首先是在对自己“犯罪”，因为你浪费了自己的宝贵时间与生命；其次是在对企业“犯罪”，因为你浪费了企业的人力、财力、物力。这是一个双输的结果，无论是对企业还是对个人，应该都是我们不太愿意看到的。所以，衡量一个员工有没有价值，标准是这个员工有没有创造功劳，而不是这个员工有没有苦劳。

提升价值：拿两千元的薪水，要有赚一万元的范儿

员工应该如何创造“功劳”？首先要找到自己的价值体现在哪里。企业衡量一个员工的价值大小通常有两个最基本的指标：第一个指标是能力，能力有强弱之分；第二个指标是态度，态度有好坏也就是积极和消极之分。这样一来，所有的职业人士都可以被归入四大类别（如图3)，你需要思考的是自己属于哪一类，价值在哪里？

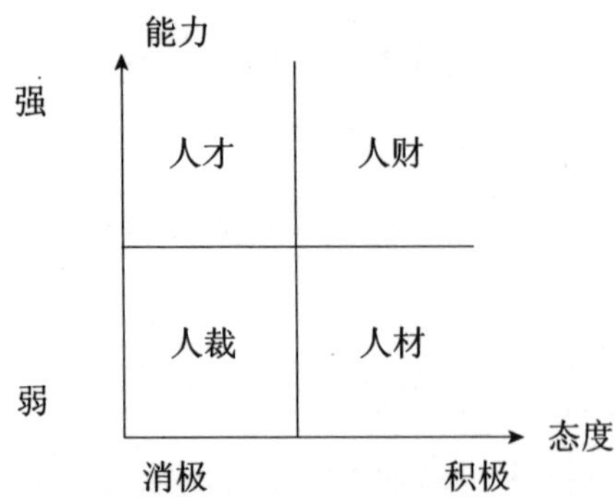

图3　职业人士的四大类别

第一类：人才。这样的员工有才华，能力强，但态度比较消极。这种员工一般企业不太敢用，因为这种员工就像个定时炸弹，虽然能攻击敌人，但一不小心也会炸伤自己，能力越强风险越大。实在万不得已要用，也要控制使用，提防风险，一旦有合适的替补出现，马上把这种员工换下来。所以，这种员工大多逃脱不了“被利用”的下场，企业“利用”完这种员工赶紧卸磨杀驴。

第二类：人财。这样的员工能力强，态度也积极，是企业的宝贝与财富，应该大力重用，给他们更多的机会、更大的平台，以便他们创造更大的价值。这种员工是企业“重点保护、长期持有”的对象。

第三类：人材。这样的员工虽然能力较弱，但态度很积极，是可造之材，应该培养使用，给他们更多学习和锻炼的机会，不断提升其能力，终有一天，这种员工也会成为“人财”。

第四类：人裁。这样的员工不光能力差，态度也很消极，没有任何价值，是企业必须毫不留情裁掉的对象，这种员工多留一天，就会多消耗企业一天的资源。

找到了自己的价值，接下来要学会不断提升自己的价值。“拿多少钱干多少活”与“干多少活拿多少钱”的区别在哪里？很显然，前者是被动的打工者思维，认为薪水是老板说了算，而后者是主动的老板思维，认为薪水是自己说了算。

我们不难发现，打工者思维和老板思维有很大差异甚至截然相反。为什么很多员工一直得不到提升与发展，就是因为他跟老板的思维不在同一个角度和平台上，所以学会换位思考、站在老板的角度看问题很重要。

六六写《双面胶》的时候，剧本费一分都没拿到。当时她还在怀孕，仍然每天加班写剧本。

在电视剧《双面胶》的编剧名单上甚至没有出现六六的名字。当然观众的眼睛是雪亮的，最终，尽管字幕上没有六六，六六依旧获得了“白玉兰”最佳编剧奖的提名。

很多人也许觉得六六吃亏了，但她心里一直很感谢有这个机会，如果不是这个机会，为她打开电视剧编剧这扇门，她的作品也许直到今天都无人问津。吃亏是福。有时候，你想吃亏，亏还不给你机会。如果你打算看钱做事，那一辈子都是给人打工且暗无天日的命，唯一能出人头地的方法是有野心、有志向。

如果一个月只给你两千元钱，你也要拿出一个月赚一万元钱的力气和姿态去做事，因为只有这样做才能超出别人的期望，因为超出了别人的期望值，才有可能得到更多赚大钱的机会。学会感谢人家给你一个“被剥削”的机会，否则，永远不会有拿两千元钱成就一千万元的事业基础。

在企业中通常存在以下三种不同的员工价值（见表3）：

表3　员工价值观种类

行　　为	价　　值	企业收支	结　　果
拿多少钱做多少事	物有所值	平衡	随时被炒
多拿钱少做事	物非所值	亏损	立即被炒
少拿钱多做事	物超所值	赢利	一定被提升

永远记住，老板和领导比你想象得更聪明。我以前一直有个习惯，从来不跟老板和领导主动谈工资。很简单，我只要把事情做好就行，相信老板和领导不是傻子，一个能创造更多价值的员工，他们一定会想办法留住，而办法中一定包括加工资。

打稳地基：口袋空穷一时，脑袋空穷一世

小李毕业之后，由于苦干和巧干，不到一年就晋升为一家公司山东某地区的区域主管，负责电话机、传真机的批发。之后，由于做得不错，他又被调到一个陌生的市场。前三任经理在两年时间里的业绩最高也没有超过15万元，因此小李感到压力很大。

但小李还是喜欢有挑战性的工作。凭着一定的销售经验、良好的人缘及勤奋刻苦，小李到任三个月，每个月的业绩都超过

20万元，小李个人的收入每月都达五千多元。这样的待遇很快遭到同事的妒忌。在第二年的工资改革中，小李的工资被砍掉三分之一。他心里很不平衡，跟总经理协商不成，便萌生了去意，但一时还没找到理想的地方，小李一时拿不定主意。

小李面临的无非是三个选择：第一，马上跳槽；第二，暂时不跳槽，消极抵抗，视情况而定；第三，暂时不跳槽，但更积极地投入工作，再视情况而定。选择不同，对他未来发展的影响也必将不同。

选择马上跳槽的理由是，认为自己的付出与回报不合理，而且凭自己的能力，跳到别的公司也应该会有更好的发展。但跳槽真得就能有更好的发展吗？不一定。毕竟小李工作年限总共也就一年多，到了新岗位才三个月，业绩尚未稳定，如果要找一份更好的工作，他的简历还缺乏说服力。无法证明他是真的有实力，还是其中有运气、市场等其他因素，有经验的HR只会认为这个人是受不得委屈、搞不好人际关系、之前的业绩也有可能是碰运气。

选择暂时不跳槽，消极抵抗，视情况而定的理由是，既然公司可以不仁，也别怪员工不义，员工不会再像傻瓜一样白白付出，看公司的表现再考虑考虑。看起来这样似乎没吃亏，但事实上亏掉的是锻炼成长的机会，亏掉的是宝贵的时间与生命。

选择暂时先不跳槽，但更积极地投入工作，再视情况而定的理由是，我不用嘴巴来跟公司争辩，用行动和结果来向公司证明，一方面，我要把业绩飙升上去，并且保持稳定，另一方面，也会关注那些嫉妒我的人的想法，反思为什么人家针对的只是我，而不是其他人，改善为人处世之道，让大家不得不服。等业绩稳定增长了，人际关系和谐了，就不信工资不会涨上去！就算不涨工资，届时再跳槽，简历和脑袋都有了更充足的资本。

从上面的分析不难看出，对工作的考量和追求不同，就会产生不同的选择，最终导致不同的职业生涯。一般来说，对于工作的考量和追求会包含三个导向：薪水导向、快乐导向、学习导向，导向不同，说明你给自己的职业生涯这座大厦打的地基不同，不同的地基，牢固程度当然是不同的。

薪水导向：以生存为地基，只关注眼前的物质方面的回报，觉得赚钱少就跳槽就是这种表现。可惜的是，一个月多几百元钱并不能从本质上改变生活品质，没办法让你马上买得起房，买得起车，最多也就是多下两次馆子多买件衣服的事。而且，钱用完了就没了，所以这是一种短期浅显的地基。

快乐导向：以兴趣为地基，主要关注的是兴趣的满足、自我价值的实现，做自己真正喜欢做的想要做的事情。觉得人际关系不顺就跳槽就是这种情况。这个地基完全是基于感性的理想状态，风险很大，因为理想和现实经常是矛盾冲突的。更何况，兴趣对你而言可能本身也是在不断变化的。世上没有十全十美的工作，就算跳槽，也不能保证马上找到一个符合兴趣要求的职位。

学习导向：以发展为地基，主要看重学习与锻炼的机会，成长的空间与平台。有脑袋就会有口袋，脑袋赚到了，才是真的赚到了，因此，这才是一个丢不掉、变不了的长远地基。

地基打得越牢固，职业生涯这座大厦就可以建得越高大越坚实。

下象棋的时候如何才能赢？方法很简单，在落每一个子的时候，都必须考虑好下一步、再下一步甚至最后一步会是什么样子，要想清楚这个子下下去之后，可能会有怎样的一系列连锁反应。反之，如果没有全盘的筹划和长远的考虑，一着不慎满盘皆输。有时候甚至需要故意下错一子，露出破绽，放长线钓大鱼，让掉一个卒对棋局没有什么太大的影响，但最后却能因此以退为进、诱敌深入直至吃掉对方的帅。

下象棋是如此，工作的选择又何尝不是如此？如果你放弃眼前的一颗棋子，从全盘去筹划和打算，那得到的又岂止是一车一卒呢？你选择先让掉一个子，损失了暂时的薪水、快乐，但却能换回长远的职业发展和最终的幸福生活，这难道不是一步聪明的好棋么？

口袋穷穷一时，脑袋穷穷一世。钱可以慢慢赚，兴趣可以慢慢培养，但智慧的提升却延迟不得，越快越好，越早越好。

现在，请拿出纸笔来，从打稳地基的角度，写下选择这个企业最重要的三条理由，并且把它张贴出来，随时提醒自己，坚定信念！

良禽择木而栖：接受企业，就是接受自己

十全十美的工作

钱多事少离家近，位高权重责任轻。

每天睡到自然醒，薪水领到手抽筋。

逢年过节要奖金，别人做事我加薪。

喝茶看报好开心，副业兼差薪照领。

秘书美丽属下拼，有过你扛功我领。

欧亚美非加南极，出差旅游任我行。

世界上究竟有没有十全十美的工作？上面描绘的这个工作看起来似乎很美，但仔细一琢磨其实也有缺憾，最起码就缺乏了自我实现的精神层面的满足。所以，没有十全十美的工作，只有最适合现实的选择！

既然如此，如何客观看待目前的这份工作？首要的准则是——接受企业。接受企业就是接受自己，爱工作，爱企业，就是爱自己！

良禽择木而栖，只有真正优秀的飞禽才有能力有资格择木，

它可以飞过天际、飞过高山，去选择自己真正想要落脚的地方。反之，如果你只是一只小小的菜鸟，没有强壮的翅膀，没有坚定的信念，飞不高也飞不远，怎么去择木？你根本就没有那个资格，也没有那个能力。所以你只能先踏踏实实地待在灌木丛中，老老实实地修炼自己飞翔的能力，当你修炼出强壮的翅膀、强大的内心，蜕变成“良禽”时，才是真正“择木”的最佳时机。

从这个角度上来说，发自内心地接受今天所在的企业，发自内心地热爱这个岗位和这份工作，其实就是在接受自己、热爱自己。如果你对企业和工作还不够满意，那也只能说明，你自己还不够好。

如果一个人对自己都不够热爱、不够满意的话，又凭什么让别人爱你、对你满意呢？如果一个人动不动就对别人抱怨自己的企业不好、老板不好、领导不好、同事不好，其实就等于在打自己的脸，这说明：我很差！我很没用！所以我只能待在一个这么差的地方！难道不是吗？否则，你为什么还要待在那里？你也许要说“我暂时没有办法嘛!”恭喜你答对了，可见这和别人无关，是你自己没有办法，所以，你最应该抱怨的恰恰是自己！

你可以私下反思不断完善自己，但人前请记得一定要维护公司、领导和同事，因为维护他们的形象，就相当于在维护自己的形象。

洛克菲勒是白手起家的石油大王，靠着对工作热情的态度，他在工作中不断思考、创新，最终获得了巨大的成功。

他从事的第一份工作是查看生产线上的石油罐盖是否焊接好，这是一个简单到连小孩子都能胜任的工作。洛克菲勒并没有因为这是个单调的工作而厌烦或放弃，也没有心情郁闷地工作，而是积极地面对不断重复的传送带。

在经过仔细的观察后，他发现每焊接一个油罐需要39滴焊接剂，他开始思考是否可以减少焊接剂以节省工作成本。最后他的试验成功了，为公司节省了5亿美元的开支，他也从此走上了成功之路。

在回忆这段工作经历时洛克菲勒说，如果你视工作是一种乐趣，人生就是天堂；如果你视工作是一种义务，人生就是地狱。

因为从事培训师这个职业，我认识了很多不同年龄、不同背景的培训师，我们也经常会聊到关于培训师这个职业的过去、现在与未来。经过与很多培训师的沟通及自己的观察，我发现，培训师大致可以分为三个层次：

第一层次：为赚钱。这类培训师的特点是很勤奋，什么课程都敢讲，把自己的日程安排得很紧。很多人会在年初就制定目标：今年要讲多少天课，赚多少课酬，然后实现某个物质的愿望，比如有个培训师今年的目标就是再买一套多大的房子。他们通常不太在乎学员与客户的反馈，在乎的是上课的天数以及身价的提高，聚在一起时总会谈论自己今年身价又提高了多少，相互之间以攀比课酬的高低为乐事，经常会抱怨讲课太辛苦。

第二层次，为提升。这类培训师的特点是不太在乎课程的多少，更关注自己的课程能否得到认同，本着宁缺毋滥的精神，他们会给自己的课程定位比较清晰，专注于为某一类学员及客户服务。聚在一起时他们谈论更多的是自己的专业修炼与提升，最近又去哪里学了什么好的课程，为哪些有名的客户提供了服务，偶尔会抱怨客户和学员的种种挑剔和接待不周等。

第三层次，为价值。这类培训师的特点是非常喜欢上课，享受分享的快乐，他们会尽可能把自己的日程安排得密密麻麻，让自己没有时间休息；不上课时他们也闲不下来，不断研究和改进自己的课程品质，研发新的课程。他们在一起谈论更多的是自己培训了多少学员，哪些学员与客户在自己的帮助下获得了怎样的提升与改变，他们从来不抱怨讲课的辛苦，甚至有时候也不太计较课酬的高低。

几年以后，我发现，当初那些第一层次的培训师，依然还处于当年的阶段，课量和课程品质并没有大的改变，课量甚至还有下降的趋势；第二层次的培训师，课程品质在稳步提升，课量也比较稳定；第三层次的培训师，短短几年就有了突破性的发展，其进步之快和进步之大绝对让人刮目相看。

你是用哪种心态在工作？认清工作的回报与价值，就能修炼到第二层次；把个人目标与企业目标相结合，就能修炼到第三层次。每个职业人士都会经历这样一个发现自我、调整自我的过程，需要不断自我提醒的是，既然痛苦是一天，快乐也是一天，为什么不把生命中的宝贵一天过得更快乐点呢？天堂和地狱，其实都在一念之间而已。

如何更好地接受和认同企业？你需要思考的是公司存在的价值和意义都有哪些，你的工作的价值和意义又在哪里。

电影《穿普拉达的女王》中有这么一个片段，安蒂没有完成老板交代的一件的确很难完成的工作，因而受到严厉的批评和嘲讽，于是她来到同事那里抱怨。

安蒂：她恨我，奈杰尔。

奈杰尔：这和我有关？哦，等等，这跟我没关系。

安蒂：我不知道还能怎么做，事情做对了，好像是应该的，她连谢谢都不说；但如果事情做错了，她就是巫婆！

奈杰尔：辞职好了。

安蒂：什么？

奈杰尔：辞职。

安蒂：辞职？

奈杰尔：我可以在5分钟内找到一个非常想要这份工作的女孩顶替你。

安蒂：不，我不要辞职，这不公平。我只是说，我想要为自己的努力赢得些奖励。

奈杰尔：安蒂，现实点，你根本没在努力，你在抱怨。

安蒂：我……

奈杰尔：你希望我对你说什么？要我说“真可怜，米兰达又欺负你了，可怜的安蒂?”是吗？醒醒，她只是做了她的工作。你不知道你供职的是一个出版全世界最好的艺术家作品的杂志，豪斯顿、拉格斐尔德、德拉伦塔，他们的作品，创作比艺术更伟大，因为艺术就在你的生活中。哦，当然不包括你，但包括不少人。你以为这只是本杂志，对吗？这不仅仅是杂志，这是希望的灯塔。你不知道这里员工的艰辛，更绝的是，你根本不在乎。在这里，更多人热爱这份工作，而你觉得是被迫的。你还抱怨她为什么不亲吻你的额头，每天给你的作业批个金色五角星？醒醒吧，亲爱的。

安蒂：好吧，我搞砸了。

很显然，安蒂一开始只是认为自己的工作是给老板打杂，为老板服务，所以一旦没得到老板的认可，她就会觉得很委屈。而她的同事奈杰尔告诉她，他们所出版的杂志不仅仅只是一本时尚杂志，更是年轻人心目中希望的灯塔，这时安蒂才领悟到，老板对她的批评与指责都只是为了工作，为了努力做好年轻人心中“希望的灯塔”。

为什么很多老板都是“拼命三郎”？有人说他们是为了赚钱，事实上，很多老板早已经不缺钱了，对他们来说，钱无非是账面上的数字而已。他们之所以还要拼命努力，大多是已经把事业上升到了信仰和理想的高度，更多考虑的是自己如何带领公司、带领团队，创造更多更好的价值，来回报员工、回报客户、回报社会，在实现理想的同时，顺便赚钱。

当你抱怨工作过于枯燥平淡时，当你抱怨领导批评指责你时，不妨想一想，你做的这份工作，真正的意义和价值在哪里，你真的理解了吗？

比如，一个做中小学教育服务的公司存在的价值在于，帮助更多的孩子提升学习成绩、改善学习品质，帮助家长减轻辅导压力、提升辅导质量，最终为孩子们未来的幸福人生奠定基础。一个环卫工人的工作看起来简单，但正是因为有了那么多平凡的环卫工人，我们才有了一个整洁、美好的城市环境，这就是环卫工人工作的价值。

站在企业全局的角度去看待工作，就会发现这份平凡的工作突然有了很多伟大的不平凡的价值；正是因为这么多平凡的岗位组合在一起，才成就了企业不平凡的共同目标的实现。而团队中的每个人，都是实现这个目标的系统链上的重要一环，缺一不可，只是分工不同而已。

>>要么爱，要么放弃：聪明的员工懂得和企业双赢

2009年10月30日首批28家创业板公司上市，其核心股东们一夜暴富。很多人在背后嫉妒和眼红，但我想，我们更应该看到的是，是什么人获得了这个机会，他们为什么能获得这个机会？

毫无疑问，首先，公司的创始人、合伙人会有这个机会，其次，大多数公司上市以前都会把部分股份配置给那些共同创业与企业一同发展起来的元老级人物，也就是核心中高层管理者们。这些人是怎么得到跟老板一起翻身的机会的？是在过去的创业与发展中，他们付出了自己的忠诚，创造了价值。

员工与企业之间就像是一场恋爱，也是一种合作，最好的结果是双赢，因此，一个聪明的员工一定要学会跟企业双赢。个人的付出推动企业的发展，反过来，企业的平台也可以成就个人的发展。

反之，如果是双输，一定是员工输得更惨。因为对企业而言，一个员工不合适，最多是裁掉，造成点经济损失，影响大不到哪里去；但对于员工来说，损失的是宝贵的时间与生命，而这

个影响用多少钱也弥补不回来。所以，工作一天就请记得付出一天，成长一天，双赢一天，千万不要敷衍混日子，因为你混的，恰恰是自己宝贵的生命。

1989 年，杨元庆在中国科技大学取得计算机专业硕士学位，同年进入联想集团工作。1994 年，出任联想微机事业部总经理。1995 年，出任联想集团助理总裁。1996 年，晋升为集团副总裁。1998 年，任集团高级副总裁兼联想电脑公司总经理。2000 年，任联想集团高级副总裁兼联想电脑公司总裁。2001 年，成为联想集团总裁兼 CEO。2011 年 11 月 2 日，出任联想集团董事长。

2011 年，《福布斯》曾发布当年度中国上市公司 CEO 薪酬榜单，联想集团 CEO 杨元庆以 7872 万元年薪名列第一，成为中国上市公司第一"打工皇帝"。

从 1989 年毕业进入联想，杨元庆一干就是二十多年，这二十多年中，联想从小到大不断发展壮大，而随着公司的发展，杨元庆也在成长提升，职位越来越高，薪水越来越多，这是一个典型的与公司共同成长双赢的职场典范。

七千多万这个数字对很多职场新人来说可能很遥远，但只要秉承"公司成长、我也成长"的双赢信念，"打工皇帝"的奇迹不是没有可能。事实上，就算是自主创业，要赚到这个数字的年利润也是非常困难的，而一旦通过团队的力量把公司平台做大，平台上的每个个体的薪资空间也就会增大，公司越成功，个人也就越成功。

个人如何与企业一起双赢？看看下面这幅图你就会明白（见图4）。

图4　雇佣军和志愿军的区别

这两个箭头代表的是两种不同的军队，一种是雇佣军，一种是志愿军，大箭头里面的小箭头是队伍中的士兵。你觉得哪种军队能够实现前进目标？毫无疑问，一定是志愿军。因为志愿军队伍里的每个小箭头都和大箭头方向保持一致，表示每个人都团结一致齐心协力。而雇佣军虽然大箭头方向和志愿军一样，但队伍里的每个小箭头都和大箭头方向不一致，表示每个人都心怀鬼胎，各自为战，这样一来，不但没有形成前进的合力，反倒连方向都出现了偏差反转。

解放战争时期，共产党的小米加步枪之所以能打败国民党的飞机大炮，关键就在于共产党的“打土豪，分田地”政策吸引了千千万万老百姓的心，把他们变成了自动自发的“志愿军”。

而国民党的统治与老百姓离心离德，最后不得不通过金钱和物质刺激来吸引人当兵，每次关键战役前都发银元，这样一来，国民党的军队自然像是一盘散沙的“雇佣军”。

要想和企业一起双赢，就必须把个人发展目标与企业发展目标有效对接与整合，形成“志愿军”的团队合力，这样一来，在推动了企业目标实现的同时，个人目标也必将相应得到实现。

反之，如果像雇佣军一样“身在曹营心在汉”，最后就算企业目标再远大，方向再正确，也始终无法实现目标，企业没有发展，员工个人的目标最后也只能是空想和幻想。

五多五主动，修炼老板精神

态度会决定命运，态度不同，世界从此就会不同。作为一个职业人士，向谁来学习工作的思维与态度最合适？很简单，只要看看公司里谁最投入、谁对工作最全力以赴就行。毫无疑问，这个人就是老板！

在一家顾问公司做了一段时间的研发工作后，我特别想从技术类的研发岗位转去从事市场和业务管理类岗位，我想要更全面地了解和熟悉这个行业，而不是只停留在某个点上。但当时公司里没有这个机会，我还得继续带领研发团队。但我并没有灰心，我想，如果研发团队日益成熟，并且公司业务发展壮大以后，应该还是会有机会的。

所以，我开始给自己制订了一个“提前实习”的计划，在做好本职工作之余，多了解公司其他部门的业务和流程，包括阅读一些可以搜集到的业务资料、与同事探讨交流、主动为其他部门提供协助与服务，并且经常在一些公司的会议上，发表自己对于其他部门及公司发展的建议。

两年后，当机会来临时，我已经做好了充分的准备，完全不用重新去学习和熟悉，于是理所当然地，我得到了机会。

很多普通职业人士的工作思维是“说一做一”，老板让干什么就干什么，踢一脚就动一下，不踢了就不动了，只看得到自己局部内的一亩三分地。这样“说一做一”的工作方法，只能保证你做个 60 分的员工。

而优秀的职业人士的工作思维是“说一做三”，工作的时候他会想，除了必须要做的，还有什么是应该要做的，还有什么是可以去做的？老板让做“一”，把“一”做好的同时还把和“一”相关的“二”、“三”甚至更多都一并考虑到、准备好，他看到的是前后左右的全局。“说一做三”，就能帮助你做个 80 分甚至 100 分员工。

小明是一个刚毕业的大学生，毕业后进入一家软件企业，和他一同毕业的同班同学小李则自己开了一家电脑店。由于两人平时关系就不错，又在一个城市生活，所以经常在一起谈谈自己的工作和生活。

一天，两人又坐在一起聊起了收入，小明一直向小李诉苦，"我都工作一年多了，工资一点都没变，真不知道老板什么时候才给我加薪，我都和部门经理提过一次了，再过几个月如果还是这么点工资，我就打算跳槽了，反正我看我们老板也不怎么顺眼。"

这时小李沉默了一下，反问小明道："我也大致了解你的工作，你换个角度想想，如果你是一个老板，有一个员工想要加薪，可是这个员工又不想多付出、多干活，你会同意给他加薪吗？"小明想都没想，随口说道："当然不会了。"

小李继续问道："那你会把他怎么样呢？"小明又继续回答："要是我，当然肯定先开了他，他爱干吗干吗去。"说完，小明突然沉默了，因为他发现小李说的那个员工就是自己。

小李又安慰小明说："其实，别看我那破公司小，但什么样的人我都遇到过，有你这种问题的员工特别多，但好多人不明白这个道理，所以只能靠不停地换工作来给自己找机会加薪，换来换去却还是那点钱。为什么？因为他们从来没认真考虑过自己的工作是否可以做得更好，老板让干吗就干吗，机械式地对待工作。老板都不傻，如果老板让你做一，你有本事把一二三都做好、准备好，让老板省心省力，这样的员工，老板哪能不想办法留住呢？”

小明听了这些话后恍然大悟。从此以后，小明做任何工作都特别用心，也没有任何抱怨，老板交代的事情，他总会做得比老板交代的要多、要好。很快，大家也都发现小明和以前不一样了。

半年后，还没等小明找领导谈话，老板就把小明叫到办公室，打算提升他为部门副经理，小明嘴上虽然说着感谢领导的培养，但心里最想感谢的是让他明白了这些道理的小李。

要想获得老板的欣赏与认同，就得站在老板的角度，学会老板的思维方式，领会老板的言行意图，和老板保持在同一平台、同一频道。

老板的思维和普通人究竟有什么差别？当很多人还在盘算自己能拿多少薪水奖金时，老板盘算的不是某个部门，更不是某个员工，他盘算的是整个公司能赚多少钱，因此，老板思维与普通员工思维的最大差异在于老板重点看全局而非局部。

当很多人领完这个月的薪水开始盘算下个月的薪水时，老板盘算的不是这个月也不是下个月，他盘算的是整个公司三年五年以后应该做到什么程度，什么时候扩大规模、什么时候上市，老板思维与普通员工思维第二大差异在于老板重点看长远而非眼前。

2004年我转岗担任某业务部门经理时，因为接手的是中小企业客户，与之前大客户事业部有很大不同，我很快发现客户信息的繁多导致业务人员的效率非常低下，而且也影响我销售管理的有效性，于是我建议老板另外开发一套针对中小企业客户的业务信息管理系统，把之前繁杂凌乱的各类客户信息、销售信息统一管理起来，并且实现无纸化办公。这样一来，销售人员和我这个销售管理者的效率都会大大提升。这个建议得到了老板的认可，老板让我负责系统的框架设计与需求提出，让IT部门配合我进行开发。

这套系统设计成功后，我又开始考虑另外一件事情，那就是如何才能快速培养和复制优秀人才，因为当时团队成员都是重新招聘组建的，麻雀虽小五脏俱全，有负责电话营销的，有负责推广策划的，有负责客户信息搜集的，还有负责后勤行政的，为了让每个岗位成员都清楚地知道自己每天应该做什么，怎么做，做到什么程度，如何衡量，并且在以后再增加新成员时能快速复制人才。我边工作边琢磨，利用每天下班后的时间加班赶写，连续加班近两个月，终于为每个岗位都写出了一本厚厚的《岗位操作标准手册》。

现在想起来，设计管理系统、撰写《岗位操作手册》，这些事情其实远远超过了一个业务部门经理的岗位职责。我完全可以把这些工作推给IT部门、市场部门、人力资源部门等，但当时

我却毫不犹豫地自己提出、自己承担这份工作了。不是因为我傻，当时我的只是想着，既然老板把责任交给了我，我就要做出最好的结果。最重要的是，在这个过程中，我的成长和收获是谁都拿不走的。当我在2005年开始创业时，我发现，当年的辛苦与付出现在都有了回报，正是因为当年锻炼出的全局思维与心态，我的创业之路虽然也有坎坷，但依然比很多人都走得顺利。

如何把老板思维转化到现实的行为中？来看一个案例。

电视剧《乔家大院》中一个精彩片段，马荀在回山西的路上发现高粱生了虫子，他认为这是一个商机，于是就带了一穗回来，着急去找师傅报告。

马荀：那个，我想见一下东家和宋先生，跟他们说说高粱的事儿。

师傅：都什么时候了，谈什么高粱啊？

马荀：师傅，这是我回山西的路上在高粱地里掰的。这高粱都长虫子了，今年高粱的收成肯定不会特别好，等到开春，它一缺货，那就值了钱了。

师傅：哎哟，我还有急事，我走了。

马荀：哎，您听我把话说完呀。

师傅：你说，有什么事快说。

马荀：我就想劝东家，能不能不把咱们的高粱全卖给达盛昌，留一部分明年开春卖个好价钱。

师傅：哎呀，留什么留啊？咱们库里的高粱都脱手了。

马荀：脱手了也能办，这样，脱手了我们再把它买回来。达盛昌不是把我们的高粱全买走了吗，过不了几天所有人都知道那个信息是假的，那时候高粱的价格肯定会一落千丈。我们再把它买回来，明年开春赚一大笔银子。

师傅：马荀，我可告诉你啊，东家和宋先生正在合计着要一鼓作气将达盛昌置于死地呢。你还想着跟达盛昌做高粱生意啊，你瞧瞧你那脑筋，你快走吧。

师傅给马荀泼了盆冷水，但马荀没有就此放弃，他又去找东家。

马荀：东家您看看这个。

东家：这不是高粱吗？

马荀：您好好看看哪。

东家：就是一穗高粱啊。

马荀：您看看这高粱和其他高粱有什么不同？

东家：不就是一穗长了虫的高粱吗？

马荀：它意味着什么呀？

东家：哎呀，你有话就快说。

马荀：东家，这是生意呀。去年高粱生了虫收成不好，今年高粱又生虫子，等到了春天开了价，这高粱价格一定会涨上去的。昨天晚上我劝大掌柜，让他把卖给达盛昌的高粱，再低价收回来一部分，等到明年开春，卖出去赚它一大笔银子，可是他不听我的。

东家：你在福字号干了几年了？

马荀：四年学徒，又干了十年跑业伙计。

东家：叫什么名？

马荀：我叫马荀。

东家：行，这事儿我会想着，你先回去，改天我们找个时间聊聊。

毫无疑问，案例中的马荀确实是个好员工，具体好在哪里？第一，懂得替老板着想，考虑挣长远的钱；第二，勤于思考，准备好了具体建议方案；第三，善于观察，搜集信息并带回证据；第四，积极主动，坚持建议不气馁。

向这样的员工学习，修炼你的老板精神，可从“五多五主动开始”。

老板精神修炼五多：

多看：一般人路过高粱地可能根本不会去在意，但马荀因为老板做高粱生意，所以就特别留心和高粱有关的事物，最终发现了商机。所谓处处留心皆学问，随时随地留意和你的工作、公司、行业有关的人、事、物，培养自己敏锐的观察和洞察力，这就是“多看”。

多听：人之所以长了一张嘴巴两个耳朵，是因为做人要学会先听后说、多听少说。善于聆听别人的想法，包括老板、领导、同事、客户等，每个人的表达都会站在各自不同的角度，当你学会聆听别人的想法时，就拥有了比别人更全面的视角。

多想：多看和多听可以保证你接收到更全面的信息，而在大量的信息中取其精华，去其糟粕，就需要多想。把信息和工作实际结合起来，学会用理性整理和分析信息。

多学习：前面说过成人的三读是指读书、读事、读人，在工作中，尤其需要注意抓住一切机会读事和读人，不断提升自己看待和处理问题的高度、视角及能力。有些内容可能你今天用不上，但未来却很可能会用上，所以，在机会来临前，抓紧时间先装备好自己吧。

多行动：一方面，学以致用，在实践中检验和转化学到的知识；另一方面，在行动中尽量做得比领导想要的更多一点，比如开始更早一点、质量更高一点、速度更快一点、成本更低一点。

老板精神修炼五主动：

主动反馈：重要信息与市场情报等，第一时间向上级反馈，做好类似传话筒的角色。

主动请示：重要行动与选择前要主动请示，征求一下领导的意见，讨教一下领导的经验，获得批准后再行动，避免盲目行动。

主动建议：深思熟虑后提出见解和方案，切忌光有问题却不提出对应的对策，每次提出建议至少保证有两套以上不同方案供领导备选。

主动协作：当别人都在忙时，千万别一个人闲在那里；即使领导对你没有要求，也可以给自己找点任务。

主动分享：随时乐意主动跟人分享你的经验或教训，记住成就别人，就是成就自己。

特别值得注意的是，对于职场新人而言，切记先做好五多，再逐步做到五主动。只有这样，才能先了解环境、融入圈子。很多年轻人往往不懂这个道理，一味想展现自己的主动与积极，进公司没几天就给老板或领导打报告提意见，动不动就指出公司的五大问题十大弊端等，最后发现这样提意见很可能并不被上司待见，甚至可能会导致大家对你产生自大、轻率、好高骛远等不良印象。

诚然，敢于提意见的主动与勇气可嘉，但是别忘了，新人和基层员工的角色与本分是先学习、先服从、先执行，等你真正熟悉和了解公司了，做出一定成绩了，再提意见也不迟，这叫认清形势、把握角色。总体来说，务必做到“埋头拉车，抬头看天”这八个字。埋头拉车，是指首先要兢兢业业做好驴子的角色；抬头看天，是指适当时候要像千里马一样展望一下全局和未来。能上能下，方能游刃有余。

职业生涯是一场马拉松，笑到最后才是赢

在同学或老乡聚会上，年轻人在一起免不了会谈到彼此的工作，进而很容易引起彼此间明里暗里的比较。比如谁的公司名气大品牌好、谁的职位高、谁的薪水高、谁的福利保障好等，诸如此类的话题很容易被首先拿来比较。占点上风的人难免洋洋得意，稍逊一筹的人也难免暗自伤神，一来二去，不光影响了各自的心情，还会影响彼此的感情。

仔细想想，刚毕业时候的这点差距是真正的差距吗？这种差距能维持多久？事实上，刚毕业或者才工作没几年的朋友，大可不必去比较这些，这种比较没有任何实质意义。职业生涯是一场马拉松，在起点跑得很快的人并不一定能第一个冲到终点，反倒有可能会因为冲得太猛过早消耗了体能。马拉松是要看谁能够坚持到最后，拼的是坚持、韧劲和耐力，所以暂时的起点领先算不了什么，笑到最后才是赢。

不要因为现在的起点比别人低一点就自惭形秽，当然也不要因为现在的起点比别人高一点就洋洋得意，用平常心去对待现在的起点，抓住了起点的机会，只要开始，永远都不会晚！你需要

做的只是往前看，追求下一步。

因此，建议大家十年内不要比较，如果非要比，可以比比谁的工作更有挑战性，谁的工作更有成长空间，谁的工作更有机会等，真有本事到十年二十年后，再来比比谁发展得更好，谁过得更幸福吧。在人生的马拉松赛道上，终点永远比起点更重要！

后记　打开幸福成功人生之门的钥匙

大多数人的一生是这样度过的：

生命刚刚开始的时候，我们都是意气风发的。背负着沉沉的行囊，行囊里装着理想，装着抱负，装着很多很多的愿望。

我们不畏艰险，从脚底下第一个台阶开始上路。爬到二十来岁，这是人走入社会的时候，开始认同规则了，觉得社会给了我们很多负担，我们自己奋斗，已经足够疲惫，谁还背着那么多梦想啊？先把它安顿下来吧，等到衣食无忧，有了社会地位，回头再捡起梦想也不迟。放下梦想以后，顿时有这么一阵轻松，大家又开始往前走。

随着人越来越年长，积累越来越多，争斗越来越激烈，内心越来越焦虑，不免会产生抱怨。到了四十来岁，开始变得疲惫、颓唐，都觉得社会辜负了自己，都觉得自己付出了太多，回报太少，内心仓皇犹豫。

走到六十来岁，觉得晚年的时光应该是美好的，是值得珍惜的，不要再抱怨了。这个时候大概到了孔夫子所谓的“而耳顺”阶段了，心顺应了，少了很多指责，终于走到了最后。

站在生命的终点上，突然间觉得怅然若失，想起来这一生最宝贵的东西留在了二十来岁的行囊里，那是一直还没有打开的梦想，从来没有被放飞过，从来没有跟随过自己。就这样徒然一身，走完了一生的历程。但是，20 岁再也回不去了，人生就是一条不归路。

回想自己走过的路，我最庆幸的是从来没有迷失过自己。从小时候的所谓要“出人头地”，到 15 岁时明白身为老大要承担家庭的重任，到 23 岁开始明白人生的真正意义，直到三十而立后更进一步坚定人生的目标与信念，我一直牢牢把握着自己的命运，因为我知道，我究竟为什么而活着！

年轻的朋友，你还在等待什么呢？千万别到了七老八十才开始后悔自己年轻时没有努力，没有行动！最后，我要送你一把打开幸福成功人生之门的钥匙——目标 + 计划 + 行动 + 坚持 = 成功人生！带好它，朝着幸福的远方，现在，立刻，行动吧！